PUBLICATIONS SCIENTIFIQUES INDUSTRIELLES E. LACROIX

ÉTUDE

SUR

LA CONDENSATION

DANS LES

MACHINES A VAPEUR

PAR

M. E. COUSTÉ,
DIRECTEUR DES MANUFACTURES DE L'ÉTAT.

(Avec une planche.)

[EXTRAIT DES *Annales du Génie civil*, 1869.]

4 fr.

PARIS
LIBRAIRIE SCIENTIFIQUE, INDUSTRIELLE ET AGRICOLE
Eugène LACROIX, Éditeur
Libraire de la Société des Ingénieurs Civils
QUAI MALAQUAIS

PUBLICATIONS SCIENTIFIQUES INDUSTRIELLES E. LACROIX.

ÉTUDE

SUR

LA CONDENSATION

DANS LES

MACHINES A VAPEUR

PAR

M. E. COUSTÉ,

DIRECTEUR DES MANUFACTURES DE L'ÉTAT.

(Avec une planche).

[EXTRAIT DES *Annales du Génie civil*, 1869.]

PARIS

LIBRAIRIE SCIENTIFIQUE, INDUSTRIELLE ET AGRICOLE

Eugène LACROIX, Éditeur

Librairie de la Société des Ingénieurs Civils

QUAI MALAQUAIS

ETUDE

SUR

LA CONDENSATION
DANS LES MACHINES A VAPEUR

PAR

M. E. COUSTÉ.
DIRECTEUR DES MANUFACTURES DE L'ÉTAT

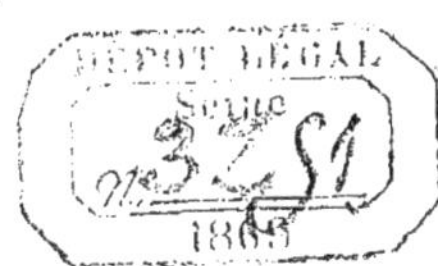

(Avec une Planche.)

PREMIÈRE PARTIE

Une importante question est posée depuis longtemps à la sagacité des ingénieurs, dans les pays où la navigation à vapeur a pris quelque développement : *l'emploi de la vapeur à pressions élevées dans les machines marines.* Le plus grand obstacle qu'on ait rencontré dans cette application consiste dans l'incrustation des générateurs, produite par l'eau de mer. En Angleterre, on a essayé de résoudre le problème par l'adoption du *condenseur à surface*, qui permet d'alimenter les chaudières avec de l'eau dépourvue de matières incrustantes. Cet appareil ne pouvait réussir qu'à la condition de présenter au contact de la vapeur de très-grandes superficies condensantes. De là, des difficultés pratiques qui ont fait échouer les tentatives de Watt, de Hall, de Cavé, de Bourdon, d'Ericson et de tant d'autres ingénieurs ou constructeurs. Dans ces dernières années, on a trouvé moyen de donner au *condenseur à surface* des superficies de plus de 1 mètre quarré par force de cheval; et l'on a obtenu ainsi quelques bons résultats.

Je crois, et j'essayerai de prouver dans ce mémoire, que cette solution, quoique constituant un progrès, est fondée sur un principe rétrograde, ne réalise qu'une partie des avantages à obtenir, et que ces avantages ne peuvent être obtenus complétement et sûrement qu'à l'aide du *condenseur à injection.*

A cet effet, je me propose :

D'analyser le phénomène de la condensation dans les machines à vapeur, en établissant la théorie physico-mathématique du condenseur en général;

ce qui permettra d'évaluer la perte de travail moteur causée par la condensation;

De comparer entre eux les deux systèmes connus, la *condensation par injection* et la *condensation par surface*, et de prouver que le premier a une grande supériorité sur le second;

De déterminer d'importantes améliorations dont le *condenseur à injection* actuel est susceptible;

De prouver que le *condenseur à surface* est sujet à des perturbations qui diminuent et peuvent même annuler les avantages de la pression élevée.

Je prouverai, en outre, que le *condenseur à injection* est applicable aux machines marines à pressions élevées, aussi bien qu'aux autres moteurs à vapeur, moyennant une modification essentielle que j'indique dans la fonction du condenseur; et je décrirai les moyens pratiques de réaliser cette application.

PREMIÈRE PARTIE

1. Il y a deux sortes de condenseurs : dans l'une, la vapeur est mise en contact direct avec *l'eau condensante* ou *eau froide*, qui reste confondue avec le liquide provenant de la condensation; dans l'autre, l'eau condensante agit sur la vapeur par l'intermédiaire d'un métal bon conducteur du calorique; et cette paroi a pour objet de maintenir séparés le liquide provenant de la condensation et l'eau condensante.

La première sorte s'appelle *condenseur à injection* : c'est la plus communément employée;

La seconde s'appelle *condenseur à surface* ou *condenseur de Hall*. Jusqu'à ces derniers temps, elle n'avait été employée que dans quelques moteurs particuliers (machines à éther, à chloroforme, à esprit de bois, etc.), qui ne sont point sortis du domaine des essais.

2. *Travail résistant dans le condenseur.* — Je commencerai par déterminer la formule générale qui exprime le travail résistant du condenseur, en raisonnant, pour fixer les idées, sur le condenseur à injection.

Retard de la condensation. — L'acte de la condensation complet n'est jamais instantané, il exige toujours un certain laps de temps. L étant la course du piston, nL sera la portion de course qu'il effectue pendant que l'acte de la condensation s'accomplit.

Soit :

T_m le travail moteur, brut, développé par la vapeur, à chaque coup de piston;
$T_{c.i}$ le travail résistant du *condenseur à injection*, pour un coup de piston[1];
$T_{c.s}$ la quantité analogue pour le *condenseur à surface*[1];
T_c la quantité analogue pour le condenseur de l'un ou de l'autre système[1];
T_a le travail résistant de la pompe à air;
S l'aire du piston du cylindre (en centimètres quarrés);

[1] Quand ces quantités prendront leur valeur maxima, je les désignerai par $\widehat{T}_{c.i}$ $\widehat{T}_{c.s}$ $\widehat{T}_{c.}$

L la course du piston (en mètres);

E la portion de course du piston, pendant laquelle la vapeur est introduite à pleine pression dans le cylindre;

P la pression (en kilogrammes par centimètre quarré) de la vapeur dans le cylindre après détente, et au moment où va s'ouvrir la communication avec le condenseur;

H la pression de la vapeur dans le cylindre, avant détente (en kilogrammes par centimètre quarré);

p la pression normale dans le condenseur, c'est la pression qui subsiste après que la condensation est terminée pour chaque coup de piston (en kilogrammes par centimètre quarré);

nL la fraction de course du piston pendant laquelle la condensation s'accomplit;

ν le rapport de la capacité vide v du condenseur (y compris les conduits de communication avec le cylindre), à la capacité V du cylindre (comprenant le volume décrit par le piston et les *espaces nuisibles*); ainsi $\nu = \dfrac{condenseur}{cylindre} = \dfrac{v}{V}$.

Dès que le cylindre est mis en communication avec le condenseur, la pression P, correspondante au volume V, devient $\dfrac{PV}{V+v}$. Au même instant, la pression p, qui correspondait au volume v, devient $\dfrac{pv}{V+v}$. En sorte que, audit instant, la pression dans le condenseur est $\dfrac{PV+pv}{V+v}$ ou $\dfrac{P+p\nu}{1+\nu}$.

Pendant la période nL de la course, cette pression diminue graduellement, au fur et à mesure que la condensation s'opère, depuis $\dfrac{P+p\nu}{1+\nu}$ jusqu'à p; et pendant la période $(1-n)$ L, elle reste égale à p.

Représentons les valeurs successives de cette pression par les ordonnées d'une courbe. Soit [fig. 1, planche VII]:

$$x'' = Oa' = L; \quad x' = Oa = nL; \quad aa' = (1-n)L; \quad y_0 = OA = \frac{P+P\nu}{1+\nu};$$
$$y' = aB = a'C = p$$

La partie BC de la ligne sera droite et parallèle à l'axe des x; la partie AB sera courbe et tangente à BC au point B.

T_c sera représenté par la surface S du piston multipliée par l'aire de cette courbe, comprise entre les ordonnées OA et a'C.

L'aire ODCa' est Lp.

Pour exprimer l'autre partie de l'aire, il faut connaître la courbe AB. Dans un cas particulier, on la déterminerait approximativement au moyen de l'indicateur de Watt. Dans cette analyse générale, nous la remplacerons, avec une approximation suffisante, par l'arc d'une parabole ayant son sommet en B, passant en A, et ayant son axe parallèle à l'axe des y. Cet arc différera généralement peu de la vraie courbe.

Dès lors, la partie ADB de l'aire totale sera $\frac{1}{3}$ AD $\times$ DB, ou

$$\frac{1}{3}\left(\frac{P+p\nu}{1+\nu} - p\right) nL = \frac{1}{3} L \frac{P-p}{1+\nu} n.$$

L'aire totale est donc $\frac{1}{3}L\left(\frac{P-p}{1+\nu}n+3p\right)$.

Et le travail du condenseur sera :

$$T_c=\frac{1}{3}SL\left(\frac{P-p}{1+\nu}n+3p.\right)... \quad (1)$$

Travail dû à la seule contre-pression du condenseur. — Telle est l'expression du travail résistant du condenseur, en ce qui concerne la contre-pression seule, et déduction faite du travail T_a dû à la pompe à air, qu'il faudrait ajouter simplement pour avoir le total de la résistance due à l'ensemble de l'appareil de condensation.

La formule (1) convient aux deux systèmes de condenseur. Nous la transformerons plus loin, de manière à y introduire les particularités de chacun de ces systèmes.

3. Auparavant, il importe de considérer les valeurs, tant arbitraires que nécessaires, que peuvent prendre les quantités indiqués au n° 2.

Travail résistant de la pompe à eau et à air. — T_a est une quantité à peu près constante, quand il s'agit d'une machine construite ; car elle varie peu avec la quantité d'eau à extraire, avec la faible contre-pression du condenseur, avec les faibles variations de la pression atmosphérique. Mais, lorsqu'on projette la construction d'un moteur, il faut adopter les dispositions qui permettront d'employer le minimum d'eau ; soit pour économiser cette eau, qui, dans certains cas, est coûteuse ou rare; soit pour diminuer T_a, qui dépend principalement de l'aire du piston de la pompe.

4. *Avantages d'une grande détente.* — P dépend de la pression initiale Π de la vapeur à l'entrée dans le cylindre, et de la détente adoptée. Il y a avantage à donner à cette détente le plus d'étendue possible. L et S étant invariables dans une machine construite, la détente sera limitée par la quantité d'effet utile à produire dans un temps donné ; et comme cette quantité peut varier dans le cours de la marche, on doit pouvoir faire varier aussi la détente, soit automatiquement, soit par l'intervention du machiniste. Mais on conçoit que, toutes choses égales d'ailleurs, le champ de la détente sera d'autant plus grand que Π sera plus grande. De là, un intérêt (un intérêt considérable) à employer la vapeur à pressions élevées.

5. *Pression normale dans le condenseur.* — La pression dans le condenseur passe, comme nous l'avons dit, par différentes valeurs, pendant la course du piston. Pour une valeur déterminée de P, et pour une quantité d'eau introduite, l'acte de la condensation s'accomplira dans un certain temps, ou inférieur, ou égal, ou supérieur à la durée d'un coup de piston. Dans le premier cas, la pression du condenseur arrivera à la valeur normale p avant la fin de la course ; dans le second, p sera atteinte à la fin même de la course ; dans le troisième cas, la pression normale augmentera jusqu'à une valeur p, telle que la condensation soit complète dans le laps de temps d'un coup de piston.

Sa signification. — Il faut donc attribuer à p la valeur que prend la pression du condenseur au moment où le piston est arrivé à la fin de sa course.

Éléments de sa formation. — Remarquons que p est toujours la somme de deux pressions : l'une f due à la vapeur qui subsiste normalement dans le condenseur, après l'accomplissement de la condensation; l'autre f_1, due aux gaz provenant de l'eau condensante, de l'eau d'alimentation et à l'air qui peut trouver accès par les fuites. Toutefois, dans un appareil bien entretenu et basé sur de bons principes (nous verrons plus loin que cette dernière condition n'est pas remplie pour les *condenseurs à surface*), il ne doit pas exister de fuites; d'un autre côté, les gaz provenant de l'eau alimentaire des générateurs sont d'une quantité insignifiante qui peut être négligée, pour des machines bien conduites, parce que cette eau est puisée dans le condenseur même, et a été dépouillée là de la majeure partie de ses gaz.

Il importe d'évaluer f et f_1.

Dans un cas particulier, f serait déterminée, au moyen des tables de forces élastiques, d'après la température normale du condenseur. A cet égard, remarquons que cette température est actuellement supérieure à celle de l'eau extraite du condenseur, parce que le contact de l'eau condensante et de la vapeur a été partiel et de trop courte durée, l'eau étant généralement à un état de division insuffisant pour que l'équilibre s'établisse dans un temps aussi court. Pour la déterminer, il faudra placer un thermomètre dans la partie du condenseur opposée à l'arrivée de la vapeur et à l'abri du jet d'injection.

La quantité f étant ainsi obtenue, on aurait f_1 par la différence $p - f$, où p serait donné par le manomètre du condenseur.

6. Mais il est utile d'introduire dans la formule (1), la valeur de p en fonction de la température normale θ de condensation, de la température t de l'eau froide et du volume q d'eau provenant de la vapeur condensée à chaque coup de piston.

On a, d'après Southern,

$$f = A + \left(\frac{B+\theta}{C}\right)^{5,13}; \quad A = 0,0034542, \quad B = 46,278, \quad C = 145,36.$$

Soit, en outre :

θ la température normale du condenseur, correspondant à la force élastique de la vapeur f;

t la température de l'eau froide injectée;

$\frac{1}{m}$ la proportion en volume de gaz que cette eau contient;

Q le volume d'eau froide théoriquement nécessaire à l'injection pour chaque coup de piston;

q le volume d'eau qui provient de la condensation de la vapeur, à chaque coup de piston.

$$\text{On a } Q = q\,\frac{650 - \theta}{\theta - t}.$$

Mais, dans les condenseurs à injection actuels, cette quantité Q doit être doublée dans la pratique. Le volume de gaz introduit dans le condenseur à chaque coup de piston est donc, à la pression extérieure,

$$\frac{2Q}{m} \quad \text{ou} \quad \frac{2q}{m}\cdot\frac{650 - \theta}{\theta - t},$$

à la température de l'eau froide t, et

$$\frac{2q}{m}\cdot\frac{650 - \theta}{\theta - t}\cdot\frac{274 + \theta}{274 + t}$$

à la température θ du condenseur.

La pression de ce gaz est celle de l'atmosphère, ou $1^k,03$ par centimètre quarré, sous le volume ci-dessus, et devient, sous le volume v du condenseur,

$$f_1 = \frac{2{,}06}{m}\cdot\frac{q}{v}\cdot\frac{650 - \theta}{\theta - t}\cdot\frac{274 + \theta}{274 + t},$$

On a donc

$$p = A + \left(\frac{B + \theta}{C}\right)^{5,13} + \frac{2{,}06}{m}\cdot\frac{q}{v}\cdot\frac{650 - \theta}{\theta - t}\cdot\frac{274 + \theta}{274 + t}\cdots \qquad (2)$$

7. *Durée de l'acte de la condensation. — Causes de cette durée.* — La quantité n varie par suite de circonstances qu'il est essentiel d'analyser.

D'abord, l'écoulement de la vapeur du cylindre dans le condenseur, quoique très-rapide à cause de la différence des pressions, n'est pas instantané : les conduits de communication sont larges, mais les ouvertures obtenues par le mouvement du tiroir sont étranglées pendant un certain temps ; et c'est ce qui se manifeste dans les diagrammes par l'arrondi qu'ils présentent aux changements de course du piston, et par la chute rapide de la pression, un peu avant le moment précis où l'introduction dans le cylindre cesse. Cependant, dans les machines à condenseurs par injection bien construites, on peut négliger cette cause partielle de *retard de la condensation*, surtout si la vitesse du piston n'est pas exagérée. Il n'en sera pas de même dans les machines qui condensent *par surface*, parce que les superficies condensantes sont généralement formées par des tuyaux de petit diamètre dans lesquels la vapeur éprouve de la difficulté à circuler, surtout quand elle y rencontre une certaine proportion d'air ou d'autres gaz permanents. Dans le cas du condenseur à surface, cette cause partielle de retard n'est donc pas négligeable.

En second lieu, l'eau froide est introduite sous forme de jet plus ou moins divisé, offrant une certaine superficie au contact de la vapeur.

Or, l'eau étant peu conductrice du calorique, ce n'est guère que par contact direct que l'équilibre de température tend à s'établir, et que s'opère par suite la condensation. La vapeur se condense donc, par contact avec la superficie du jet, avec celle du liquide rassemblé au fond du condenseur et avec les surfaces internes de la partie vide du condenseur. Mais toutes ces surfaces s'échauffent par la condensation même, et deviennent ainsi d'autant moins aptes à condenser; et leur renouvellement ne se faisant que dans une certaine mesure, pour un régime donné de l'appareil, on conçoit qu'elles puissent être insuffisantes pour détruire instantanément l'excès de la pression P sur la pression p [1].

8. *Signification de* n. — Évaluons n, rapport entre la portion x' du parcours du piston pendant laquelle la condensation s'accomplit entièrement et le parcours total L.

On a en général $x = \frac{L}{2}(1 - \cos\omega)$, pour l'espace parcouru par le piston pour un angle de rotation ω de la manivelle, en négligeant les variations très-faibles de l'inclinaison de la bielle. La vitesse angulaire de la manivelle étant constante, on a

$$\omega = \varpi \frac{\tau_{\prime}}{\tau} \quad \text{ou} \quad \omega = \frac{\tau_{\prime}}{\tau};$$

en prenant pour unité angulaire l'angle $\varpi = 180°$; $\tau_{\prime}$ étant le temps correspondant à x, et τ celui correspondant au parcours total du piston. On a donc

$$x' = \frac{L}{2}\left(1 - \cos\frac{\tau'_{1}}{\tau}\right),$$

τ'_{1} étant le temps correspondant à x', et

$$\frac{x'}{L} = n = \frac{1}{2}\left(1 - \cos\frac{\tau'_{1}}{\tau}\right).$$

On suppose τ'_{1} et τ exprimées en " (secondes).

Soit Φ la vitesse d'absorption du calorique par le condenseur, ou la quantité absorbée pendant 1"; $\tau'_{1}\Phi$ sera la quantité absorbée pendant la durée de l'acte de la condensation. Cette quantité a pour expression $Dq\,(650 - \theta)$; D étant la densité de l'eau, ou bien $q\,(650 - \theta)$ en prenant $D = 1$. On a donc

$$\tau'_{1} = \frac{q\,(650 - \theta)}{\Phi},$$

[1] En réalité, il en est toujours ainsi : même dans les meilleures machines, la condensation dure, comme je l'ai dit, pendant une partie relativement considérable de la course; et si les diagrammes qu'on voit dans la plupart des auteurs ne portent pas la trace de ce fait, la partie relative aux pressions dans le condenseur y étant, en général, figurée par une droite parallèle à celle qui marque la pression atmosphérique, c'est que l'instrument avec lequel ces diagrammes ont été obtenus, ou n'a pas été manié avec tout le soin nécessaire, ou manquait de sensibilité ou de précision. Je citerai plus loin (nº 19) des diagrammes relevés par une personne qui est aussi habile opérateur qu'ingénieur distingué, qui ont tous le caractère de retard de la condensation, c'est-à-dire présentent une courbe comme dans la figure du nº 2.

et en substituant

$$n = \frac{1}{2}\left[1 - \cos\frac{q(550-\theta)}{\tau\Phi}\right].$$

Or on peut poser $\Phi = R\varphi$, R étant un coefficient < 1, qui dépend tant du retard dû à la présence de l'air que des frottements de la vapeur, soit dans les tuyaux adducteurs du condenseur en général, soit dans les tubes du condenseur à surface.

φ se composera :

1° du calorique transmis à travers la paroi du condenseur, et exprimé par

$$\alpha = k\sigma\frac{a-b}{e}\ldots \qquad (3)$$

où l'on représente par :

k le coefficient de conductibilité intérieure, pour la chaleur, de la paroi, c'est-à-dire la quantité de chaleur qui passe en 1″ à travers 1 mètre quarré de cette paroi supposée de 1 millimètre d'épaisseur, et pour une différence de 1 degré de température entre les deux faces de ladite paroi ;

σ la surface de chacune de ces deux faces [1] ;

a la température moyenne de la face interne ;

b *id.* *id.* *id.* externe ;

e l'épaisseur, en millimètres, de la paroi du condenseur, supposée constante ;

2° du calorique β absorbé au contact du liquide réuni au fond du condenseur ;

3° et du calorique absorbé par l'eau froide injectée. Cette quantité, la plus grande de beaucoup, sera exprimée par $\mu\Sigma(\Theta - t)$, en représentant par

μ le coefficient de conductibilité extérieure (pénétrabilité pour la chaleur), de l'eau, c'est-à-dire la quantité de chaleur qui pénètre en 1″ à travers 1 mètre quarré de superficie d'eau, pour une différence de 1 degré entre la température de cette eau et celle du milieu échauffant ;

Σ la superficie, en mètres quarrés, du jet ;

Θ la moyenne des températures par lesquelles passe le condenseur pendant la durée d'un coup de piston ;

t comme plus haut, la température de l'eau injectée.

On peut donc poser ainsi la valeur générale de n :

$$n = \frac{1}{2}\left\{1 - \cos\frac{q(650-\theta)}{R\tau[\alpha + \beta + \mu\Sigma(\Theta - t)]}\right\}\ldots \qquad (4)$$

9. En substituant dans la formule (1) cette valeur de n, et la valeur de p donnée par la formule (2), on a, en faisant pour abréger,

$$M = \frac{2{,}06}{m}\cdot\frac{650-\theta}{\theta - t}\cdot\frac{274+\theta}{274+t} \quad \text{et } f = A + \left(\frac{B+\theta}{C}\right)^{5,13},$$

[1] Par analogie avec la notation indiquée au n° 2, j'indiquerai par $\check{\sigma}$ la valeur minima de cette quantité.

$$T_c = \frac{1}{3} SL \left[\left(P - f - M\frac{q}{v} \right) \frac{1}{1+\nu} \frac{1}{2} \times \right.$$
$$\left. \times \left(1 - \cos \frac{q(650-\theta)}{R\tau[\alpha+\beta+\mu\Sigma(\Theta-t)]} \right) + 3\left(f + M\frac{q}{v} \right) \right] \ldots \quad (5)$$

Cette formule est générale et convient aux deux sortes de condenseurs, moyennant l'annulation du terme $\mu\Sigma(\Theta - t)$, en ce qui concerne le condenseur à surface, comme nous le verrons plus loin.

Pour le condenseur à injection, on peut supprimer α et β, comme négligeables par rapport à $\mu\Sigma(\Theta - t)$. En effet, les faces interne et externe sont toujours incrustées ou oxydées, et la première, toujours recouverte d'une couche très-mince d'eau à peu près stagnante; ces circonstances diminuent considérablement la conductibilité de la paroi. D'autre part, il est évident que β est une quantité très-faible, parce que les couches chaudes de l'eau rassemblée au fond du condenseur se tiennent toujours à la surface supérieure et sont, par suite, seules en contact avec la vapeur, et que la conductibilité intérieure de l'eau est très-faible.

Travail du condenseur à injection.

On peut donc poser pour le condenseur à injection,

$$T_{ci} = \frac{1}{3} SL \left[\left(P - f - M\frac{q}{v} \right) \frac{1}{1+\nu} \cdot \frac{1}{2} \times \right.$$
$$\left. \times \left(1 - \cos \frac{(q\,650-\theta)}{\tau\mu\Sigma(\Theta-t)} \right) + 3\left(f + M\frac{q}{v} \right) \right] \ldots \quad (6)$$

en supposant ici $R = 1$, d'après ce qui a été dit au n° 7.

Nous aurons aussi à employer l'expression de T_{ci} sous les formes

$$T_{ci} = \frac{1}{3} SL \left[(P-p) \frac{1}{1+\nu} \cdot \frac{1}{2} \left(1 - \cos \frac{q(650-\theta)}{\tau\mu\Sigma(\Theta-t)} \right) + 3p \right] \ldots \quad (7)$$

$$T_{ci} = \frac{1}{3} SL \left[\frac{P-p}{1+\nu} n + 3p \right] \ldots\ldots\ldots\ldots\ldots\ldots \quad (8)$$

Nous mettrons, en outre, cette expression sous une autre forme qui fera mieux voir l'influence de la surface Σ.

Soit Σ_1, la valeur particulière de cette surface, telle que la durée de la condensation soit égale à la durée d'un coup de piston, ou corresponde à $n = 1$.

On a, d'après l'expression (4), dans laquelle on supprimera α et β, et où l'on fera $R = 1$,

$$n = \frac{1}{2}\left[1 - \cos \frac{q(650-\theta)}{\tau\mu\Sigma_1(\Theta-t)} \right] = 1 \text{ ; d'où } \cos \frac{q(650-\theta)}{\tau\mu\Sigma_1(\Theta-t)} = -1 ;$$

ou bien

$$\text{arc}(\cos = -1) = \frac{q(650-\theta)}{\tau\mu\Theta_1(\Theta-t)}, \text{ ou } 1 = \frac{q(650-\theta)}{\tau\mu\Sigma_1(\Theta-t)} \ldots \quad (9)$$

Tirant de cette équation la valeur de q, et la substituant dans (7), on a

$$T_{ci} = \frac{1}{3} SL \left[(P - p) \frac{1}{1 + \nu} \cdot \frac{1}{2} \left(1 - \cos \frac{\Sigma_1}{\Sigma}\right) + 3p \right] \ldots \qquad (10)$$

Remarquons que cette formule ne peut exister que pour des valeurs de Σ supérieures et au moins égales à Σ_1; car si l'on suppose à Σ une valeur inférieure à Σ_1 (ou $n > 1$), il est évident que la condensation tendrait à se former à une température normale θ' supérieure à θ, et alors (ainsi que le montre l'équation (9) résolue par rapport à Σ_1), Σ_1 diminuerait jusqu'à ce qu'elle fût tout au plus égale à Σ.

On voit d'ailleurs que le maximum de T_{ci} correspond à $\Sigma = \Sigma_1$, cas auquel on a

$$\widehat{T_{ci}} = \frac{1}{3} SL \left[(P - p) \frac{1}{1 + \nu} + 3p \right],$$

et son minimum à $\Sigma = \infty$, auquel cas on a

$$\check{T}_{ci} = pSL;$$

c'est-à-dire qu'il n'y a plus alors aucun travail dû au retard de la condensation.

10. Il y a une remarque à faire sur toutes ces expressions du travail, c'est que chacune d'elles présente deux parties, dont l'une, exprimée par le premier terme, est le travail dû au *retard* ou à la *durée de la condensation*, et l'autre, le travail dû à la contre-pression normale.

Je discuterai maintenant ces formules, successivement, en ce qui concerne chacune de ces parties du travail ; je commencerai par la contre-pression normale.

11. *En principe, il n'y a pas de taux d'injection maximum.* — Au sujet de la contre-pression normale, il y a une opinion généralement répandue, qu'il importe d'examiner d'abord : on croit que, *le volume de gaz apporté par l'eau condensante augmentant avec la quantité de cette eau introduite, il y a, pour chaque espèce d'eau et chaque appareil, un taux d'injection auquel correspond une contre-pression normale minima.* Le fait est exact, mais il tient à l'imperfection des condenseurs actuels, et non point au principe de condensation par injection, ainsi que je vais le prouver.

Nous avons posé, au n° 6

$$p = A + \left(\frac{B + \theta}{C}\right)^{5,13} + f_1;$$

f_1 étant la partie de pression normale due aux gaz apportés par l'eau condensante. L'expression (2), que nous en avons déduite, exprime la valeur de p dans les condenseurs actuels, où, avons-nous dit, il faut injecter environ deux fois plus d'eau que la quantité $Q = q\frac{650 + \theta}{\theta - t}$ théoriquement nécessaire, et cela, évidemment parce que le mélange de cette eau avec la vapeur à condenser est imparfait.

Si nous supposons que ce mélange se fasse d'une manière parfaite, et l'on verra comment plus loin, alors l'équation

$$Q = q\,\frac{650 - \theta}{\theta - t} \ldots \qquad (2\,bis)$$

entre la quantité Q effectivement injectée et la température θ existe, et peut servir à déterminer l'une de ces quantités en fonction de l'autre, ce qui n'a pas lieu dans le cas du condenseur actuel.

Dans cette hypothèse, au lieu de la formule (2), on aura

$$p = A + \left(\frac{B + \theta}{C}\right)^{5.13} + \frac{1{,}03}{m} \cdot \frac{q}{v} \cdot \frac{650 - \theta}{\theta - t},$$

(en supposant égal à 1 le facteur $\frac{274 - \theta}{274 - t}$, ce qui est sensiblement vrai dans la pratique).

Remplaçons θ par sa valeur déduite de l'équation ci-(2 *bis*)

$$\theta = \frac{650 + t\,\frac{Q}{q}}{1 + \frac{Q}{q}} \ldots \qquad (2\,ter)$$

$$p = A + \left[\frac{B}{C} + \frac{650 + t\,\frac{Q}{q}}{C\left(1 + \frac{Q}{q}\right)}\right]^{5.13} + \frac{1{,}03}{m} \cdot \frac{Q}{v}$$

Egalons à 0 la différentielle $\frac{dp}{dQ}$, on a

$$\frac{dp}{dQ} = 0 = -5{,}13\left[\frac{B}{C} + \frac{650 + t\,\frac{Q}{q}}{C\left(1 + \frac{Q}{q}\right)}\right]^{4{,}13} + \frac{650 - t}{C\left(1 + \frac{Q}{q}\right)^2} \cdot \frac{1}{q} +$$

$$+ \frac{1{,}03}{m} \cdot \frac{1}{v} \ldots \qquad (2\,quater)$$

C'est de cette équation qu'il faudrait déduire la valeur de Q qui donnerait le minimum de p.

Or, nous allons prouver que, dans les limites de la pratique, il n'existe pas de valeur de Q satisfaisant à cette équation :

1° On ne saurait condenser à plus de 100 degrés ; et il est rare qu'il soit utile de condenser au-dessous de 20 degrés, correspondant à une tension de 1^{contim.} 70 de mercure, qui serait à peine suffisante pour soulever les soupapes de la pompe à eau et à air. D'après l'équation (2 *ter*) les valeurs de

$\frac{Q}{q}$ correspondant à 100, et 20 degrés sont respectivement (en supposant $t=10^\circ$), 6,1 et 63.

2° La valeur de m n'est guère supérieure à $\frac{1}{20}$, soit donc $m=\frac{1}{20}$;

3° q dépend de la pression Π de la vapeur avant détente et de la quantité E, portion de la course pendant laquelle la vapeur est introduite. Π varie entre 1 et 10 atmosphères, pression dans la chaudière; et E entre $\frac{1}{15}$ et $\frac{1}{2}$. D'ailleurs, on a $q=\frac{u}{\Delta}$; (u étant le volume de vapeur introduit et Δ le volume spécifique, à la pression Π, de l'eau de laquelle provient cette vapeur.

$$\text{Pour } \Pi=1^{at} \quad \text{et} \quad E=\frac{1}{2},$$

on a

$$u=\frac{V}{2} \quad \text{et } \Delta=1700; \qquad \text{d'où} \quad q=\frac{V}{1700\times 2};$$

$$\text{Pour } \Pi=8^{at} \quad \text{et} \quad E=\frac{1}{15},$$

on a

$$u=\frac{V}{15} \quad \text{et} \quad \Delta=254; \quad \text{d'où} \quad q=\frac{V}{254\times 15}.$$

4° v, volume du condenseur, varie entre $\frac{V}{5}$ et V.

Introduisons ces valeurs dans l'équation (2 *quater*), ainsi que les valeurs de B et C,

Pour $\theta=100^\circ$, ou $\frac{Q}{q}=6,1$ on a

$$-5,13\left[0,33+\frac{650+61}{145\times 7,1}\right]^{1,13}\times\frac{640}{145\times\overline{7,1}^2}\times\frac{254\times 15}{V}+$$

$$+\frac{1}{V}1,03\times 20, \text{ pour } \Pi=8^{at}; \text{ ou } -1714\frac{1}{V}+20,6\frac{1}{V};$$

c'est-à-dire un résultat avec le signe —.

Pour $\theta=20^\circ$, ou $\frac{Q}{q}=63$, on a

$$-5,13\left[0,33+\frac{650+630}{145\times 64}\right]^{1,13}\times\frac{640}{145\times\overline{64}^2}\times\frac{254\times 15}{V}+$$

$$+\frac{1}{V}1,03\times 20, \text{ pour } \Pi=8^{at}; \text{ ou } -171,14\frac{1}{V}+20,6\frac{1}{V};$$

c'est-à-dire un résultat avec le signe —.

Et il est évident que les résultats seraient encore négatifs dans le cas où la détente E serait $\frac{1}{2}$ et, *à fortiori*, si elle était exprimée par une fraction plus petite entre $\frac{1}{2}$ et $\frac{1}{15}$.

Il est évident aussi que les résultats seraient, *à fortiori*, négatifs pour des pressions Π inférieures à 8 atmosphères, puisque, dans le terme négatif qui est seul fonction de la pression, le facteur 254 serait remplacé par des nombres croissant au delà de ce facteur, à mesure que Π diminue.

Donc l'équation (2 *quater*) n'admet pas de racines pour des valeurs de la variable correspondantes à des températures normales comprises entre 20 et 100 degrés, c'est-à-dire qu'il n'y a pas de minimum de pression entre ces limites.

On doit donc conclure *qu'on peut utilement amener la température normale θ du condenseur à un degré aussi rapproché de celui de l'eau froide, qu'il sera utile de le faire dans chaque cas particulier*, eu égard notamment au disponible de cette eau.

Le vide du condenseur n'a dès lors d'autre limite que le poids des soupapes de la pompe à eau et à air. Et il serait facile de voir, par un exemple particulier, qu'avec de l'eau froide de 10 à 15 degrés (tandis que dans le condenseur actuel on n'obtient qu'un degré de vide marqué par 6 à 7 cent. de mercure, soit $\theta = 45°$), on pourrait, en augmentant convenablement le taux d'injection, et en supposant toujours qu'on obtienne le mélange complet de la vapeur et de l'eau, on pourrait, dis-je, réduire θ à 20° ou 25°, et par suite, p à 1,8 ou 2 cent. de mercure.

Je conclus de là que la partie du travail du condenseur à injection due à la contre-pression normale p.SL peut être ramenée de 0,093.SL, correspondant à un vide de 7 centimètres à 0,027.SL, correspondant à un vide de 2 centimètres; soit une réduction de 71 p. 100.

Discussion des formules pour le condenseur à injection.

12. Dans la formule (7), le premier terme est toujours positif, car P est toujours $> p$: sans cela, le piston serait arrêté par la résistance avant la fin de la course ; ou, s'il continuait son mouvement par l'effet de l'inertie du volant, la force vive de celui-ci en serait diminuée au détriment de la régularité de la marche de la machine, et sans aucun avantage ; ce qui prouverait que la détente aurait été poussée trop loin eu égard au degré d'efficacité de la condensation.

Donc si, toutes choses égales d'ailleurs, on faisait varier ν, le travail T_{ci} diminuerait de quantités proportionnelles à $(1 + \nu)$.

D'un autre côté, $\cos\frac{q(650-\theta)}{\tau\mu\Sigma(\Theta - t)}$ augmente depuis -1 jusqu'à $+1$ à mesure que τ et Σ, ou l'une de ces deux quantités, augmentent. On voit même, par la formule du n° 17 qui suit, que le terme exprimant le travail dû au retard de la condensation est en raison inverse de τ^2 et de Σ^2.

D'où l'on conclut qu'il y a avantage

A augmenter autant que possible la capacité vide du condenseur ;

A donner à l'eau d'injection un jet présentant la plus grande superficie possible Σ;

A augmenter autant que possible la durée du coup de piston.

13. *Importance d'une grande capacité vide du condenseur.* — La première de ces conditions paraît avoir échappé à l'attention des ingénieurs et des constructeurs. Le seul point dont ils se soient préoccupés à cet égard, c'est d'agrandir dans une certaine mesure la capacité du condenseur, dans le but de diminuer la contre-pression due aux gaz; persuadés sans doute que la condensation était instantanée. Mais la formule (6) fait voir que $T_{c.i}$ varie non-seulement par la quantité $M\frac{q}{v}$ relative à la pression des gaz, mais encore par le facteur $1+\nu$. En fait, la règle généralement suivie pour fixer le volume du condenseur est de le comprendre entre $\frac{1}{4}$ et $\frac{1}{5}$ du cylindre, pour les machines à simple effet, et de le réduire au $\frac{1}{8}$ pour celles à double effet.

Toutefois, M. Farcot s'est écarté de cette règle, dans les machines de la Manufacture impériale du Gros-Caillou, qui ont un condenseur d'une capacité égale à celle du cylindre. Ce sont de bons errements à recommander. Montrons-en l'importance par un exemple :

Soit le cas particulier où l'on aurait $P = 1^{at} = 1^{k},03$; $p = 0^{at},1 = 0^{k},103$.

Prenons la formule (8) où nous supposerons $n = 1$.

En substituant on a $T_{c.i} = SL\left(\frac{0,309}{1+\nu} + 0,103\right)$.

Faisons successivement $\nu = \frac{1}{8}, \frac{1}{5}, 1, 2$. Il vient

$$\left.\begin{aligned} T_{c.i}^{\left(\frac{1}{8}\right)} &= 0,377.SL \\ T_{c.i}^{\left(\frac{1}{5}\right)} &= 0,360.SL \\ T_{c.i}^{(1)} &= 0,257.SL \\ T_{c.i}^{(2)} &= 0,206.SL \end{aligned}\right\}; \text{ d'où } \left\{\begin{aligned} &\frac{T^{\left(\frac{1}{8}\right)} - T^{(1)}}{T^{\left(\frac{1}{8}\right)}} = \frac{120}{377} = 0,32; \quad \frac{T^{\left(\frac{1}{5}\right)} - T^{(1)}}{T^{\left(\frac{1}{5}\right)}} = \frac{103}{360} = 0,28, \\ &\frac{T^{\left(\frac{1}{8}\right)} - T^{(2)}}{T^{\left(\frac{1}{8}\right)}} = \frac{171}{377} = 0,45; \quad \frac{T^{\left(\frac{1}{5}\right)} - T^{(2)}}{T^{\left(\frac{1}{5}\right)}} = \frac{154}{360} = 0,42. \end{aligned}\right.$$

Ainsi, dans une machine détendant jusqu'à 1 atmosphère, condensant jusqu'à $0^{at},1$, et où la durée de la condensation serait égale au temps d'une course de piston :

1° Le condenseur ayant pour capacité vide $\frac{1}{8}$ du volume du cylindre $\left(\nu = \frac{1}{8}\right)$, si on le remplace par un autre, égal au volume du cylindre ($\nu = 1$), le travail $T_{c.i}$ diminuera de 32 p. 100. Si on le remplace par un autre, d'un volume double de celui du cylindre ($\nu = 2$), $T_{c.i}$ diminuera de 45 p. 100;

2° Le condenseur ayant $\frac{1}{5}$ du volume du cylindre $\left(\nu=\frac{1}{5}\right)$, si on fait les mêmes substitutions que ci-dessus, $T_{c.i}$ diminuera, dans le premier cas, de 28 p. 100; dans le second, de 42 p. 100.

14. *Importance d'une grande superficie du jet* Σ. — Quant à la seconde condition du n° 12, on n'y a pas attaché d'importance jusqu'à présent, quoiqu'elle en ait beaucoup; on fait arriver l'eau froide dans une bâche placée à côté du condenseur; et de là elle se rend dans celui-ci, sans autre charge que la pression atmosphérique, et d'ailleurs au moyen d'un ajutage ordinaire, sans aucune disposition particulière quelque peu efficace pour diviser le jet.

Il importe de montrer l'influence de la superficie Σ sur le travail du condenseur. Soit

$$P=1^k,03;\quad p=0^k,103;\quad \nu=\frac{1}{5};$$

et prenons la formule (10).

Elle donne

$$T_{ci}=SL\left[0,128\left(1-\cos\frac{\Sigma_1}{\Sigma}\right)+0,103\right].$$

On voit d'abord que si Σ augmente peu, $T_{c.i}$ diminuera d'une quantité peu sensible. Par cette remarque s'explique pourquoi on n'obtient pas d'amélioration du vide dans le condenseur actuel, quand on augmente l'ouverture du robinet d'introduction au delà d'un certain degré; car ainsi, tout en augmentant la quantité d'eau, on augmente peu sa surface, et l'effet de cette faible augmentation de surface peut être compensé, et même dépassé en sens inverse, par l'effet concomitant de l'augmentation des gaz.

Mais supposons que, par des moyens que je vais indiquer ci-après, on double, triple, quadruple..., centuple Σ; les différences entre les valeurs correspondantes de $T_{c.i}$ deviendront notables.

Par exemple, faisons successivement $\Sigma=\Sigma_1$; $10\,\Sigma_1$; $100\,\Sigma_1$. Il vient

$$\left.\begin{aligned}T_{ci}^{(1)}&=SL\,[0,128\,(1-\cos 180°)+0,103]\\&=SL\,[0,128\times 2+0,103]=0,359.SL\\T_{ci}^{(10)}&=SL\,[0,128\,(1-\cos 18°)+0,103]\\&=0,109.SL\\T_{ci}^{(100)}&=SL\,[0,128\,(1-\cos 1°,8)+0,103]\\&=0,1031.SL\end{aligned}\right\}\text{d'où}\quad\begin{aligned}\frac{T_{ci}^{(1)}-T_{ci}^{(10)}}{T_{ci}^{(1)}}&=\frac{0,250}{0,359}=0,69\\\frac{T_{ci}^{(1)}-T_{ci}^{(100)}}{T_{ci}^{(1)}}&=\frac{0,2559}{0,359}=0,71\end{aligned}$$

Ainsi, ayant une machine où la condensation durerait tout le temps d'une course de piston, c'est-à-dire où l'on aurait $\Sigma=\Sigma_1$ ou $n=1$, si l'on décuple la surface du jet, le travail diminuera dans le rapport de 69 p. 100; si on la centuple, il diminuera dans le rapport de 71 p. 100.

15. *Moyen d'augmenter cette superficie.* — Examinons maintenant comment on obtiendra l'extension voulue de la surface Σ, et dans quelles limites il conviendra d'agrandir en conséquence la capacité vide du condenseur.

Pulvérisation de l'eau. — M. Sanial du Fay, ingénieur de la marine, a imaginé un moyen de *pulvériser* l'eau, c'est-à-dire de la réduire à l'état de nuage, et de lui donner ainsi une surface spécifique très-considérable. Ce moyen consiste à faire écouler l'eau, sous une certaine pression, par deux ajutages rapprochés, inclinés l'un par rapport à l'autre; les deux veines fluides se rencontrent à une petite distance du point d'émersion, et de leur choc résulte une pulvérisation du liquide d'autant plus ténue que la pression est plus grande. On peut donner ainsi à 1 litre d'eau jusqu'à 600 mètres quarrés de surface [1].

C'est dans cet état poudreux qu'il faut faire arriver l'eau dans le condenseur. Alors la vapeur s'y mêlera avec elle suivant de grandes surfaces de contact, et en quelque sorte de particule à particule; on obtiendra *subitement un mélange intime*, et, par suite, une *condensation très-rapide*, et *l'équilibre parfait de température entre l'eau du condenseur* (mélange de l'eau injectée et de celle provenant de la condensation) et *la vapeur normale du condenseur*.

16. *Condensation rapide.* — *Economie d'eau* — Outre l'avantage d'une condensation rapide, on aura celui de pouvoir diminuer au besoin le taux actuel d'injection. A cet égard, examinons l'état actuel des choses :

1° La quantité d'eau à $t°$ nécessaire théoriquement pour condenser à $\theta°$ est, pour chaque coup de piston, $Q = q\,\frac{650-\theta}{\theta-t}$. En général, la quantité d'eau pratiquement nécessaire varie entre 1,75.Q et 2.Q. C'est qu'une bonne partie de l'eau injectée échappe au contact de la vapeur, et n'agit point pour la condensation. En effet, d'une part, la surface Σ du jet est relativement petite, et augmente peu avec l'ouverture du robinet d'injection. D'un

[1] *Puissance d'extension de Σ par la pulvérisation.* — Soit un condenseur cubique de 1 mètre de côté. Supposons-le rempli d'eau pulvérisée, qui sera en globules sphériques de $\frac{1}{N}$ de diamètre.

On peut concevoir ces globules distribués de diverses manières. La distribution répondant au maximum du nombre de ces globules serait celle où ils se toucheraient comme des boulets superposés en pile. Mais pour simplifier l'évaluation, nous supposerons que les contacts des globules se fassent sur deux systèmes de droites, horizontales et perpendiculaires entre elles dans l'un, verticales dans l'autre, supposition qui conduit à une valeur moindre que la valeur possible. (Fig. 2, planche VII.)

$$\text{Le volume d'un globule est } \frac{4}{3}\pi\frac{1}{(2N)^3} = 0,52\frac{1}{N^3}.$$

$$\text{La surface d'un globule est } 4\pi\frac{1}{(2N)^2} = 3,14\frac{1}{N^2}.$$

Le nombre des globules est N^3. Donc le volume total de ces globules est 0,52, indépendant de N ; et leur surface totale $\Sigma = 3,14.\ N$.

Ainsi, en faisant varier N, le volume de l'eau restant constant et égal à 0,52, sa surface croît proportionnellement à N; c'est-à-dire que, dans un condenseur de 1 mètre de côté, si nous supposons que les globules aient 1 centième de millimètre (et ce ne serait pas exagérer), on aurait une surface de 314000 mètres quarrés pour 520 litres d'eau, soit environ 600 mètres quarrés pour 1 litre.

autre côté, l'introduction se fait par un écoulement constant, tandis qu'il devrait rationnellement diminuer à mesure que la condensation s'opère, et cesser lorsque celle-ci est terminée, eu égard au degré θ, auquel on s'est proposé de condenser. Il s'ensuit, comme je l'ai dit, que l'eau sort du condenseur à une température inférieure à θ, et que la condensation continue pendant presque toute la course du piston. C'est en effet ce que montrent les diagrammes, lorsqu'ils sont relevés avec soin et à l'aide d'un indicateur suffisamment sensible.

Injection intermittente. — Pour ramener le taux d'injection au taux théorique, ou à peu près, il faut donc non-seulement le mélange intime et rapide de l'eau et de la vapeur, comme je l'ai dit au numéro précédent, mais encore une injection intermittente et ne durant à peu près, à chaque coup de piston, que le temps nécessaire pour que l'acte de la condensation s'accomplisse. A cet effet, je propose le dispositif suivant :

Dispositif pour l'injection intermittente. — La bâche d'eau froide, au lieu d'être à ciel ouvert, sera fermée et mise, par intermittences à chaque coup de piston, en communication avec la vapeur qui entoure le cylindre ; cette communication durera un peu plus que le temps requis par la condensation ; l'écoulement aura lieu en vertu de la pression de la vapeur, et cessera subitement dès que la communication sera interrompue. La figure n° 3, planche VII, donne une idée du dispositif.

D, bâche à pression intermittente ;

A, robinet manœuvré par la tige du tiroir, amenant ou arrêtant la vapeur, par intermittences, à chaque coup de piston ;

E, condenseur à injection; F, arrivée de la vapeur à condenser ;

G, communication du condenseur avec la pompe à eau et à air;

a, ajutages Du Fay pour injecter l'eau pulvérisée; ils sont sur un tuyau en cuivre qui peut être facilement retiré par la tubulure B et être remplacé par un autre en cas d'obstructions ;

C, réservoir d'eau froide ;

R, communication à clapet entre la bâche D et le réservoir ; quand le robinet A est ouvert, le clapet R se ferme ; quand il est fermé, R se rouvre par la pression atmosphérique, et l'eau dépensée par la bâche D lui est rendue automatiquement par le réservoir C.

Economie de 37 *p.* 100 *dans le taux actuel d'injection.* — Moyennant un dispositif de ce genre, on doit parvenir à diminuer le taux actuel d'injection, de manière à n'excéder que d'environ $\frac{1}{10}$ le taux théorique ; soit un emploi d'eau froide de 1,1.Q au lieu de 1,75.Q ; soit une économie de $\frac{0,65}{1,75}$ ou 0,37.

Effets possibles de cette économie. — Or, cette économie peut avoir une grande importance dans certains cas : il peut arriver, en effet, quand l'eau n'est pas assez abondante ou qu'elle doit être puisée à une grande profondeur, qu'on soit obligé de subir une température relativement élevée dans le condenseur et par suite une forte contre-pression, ou même de renoncer tout à fait à la condensation.

2° *Réduction du travail résistant de la pompe à air.* — Dans le cas où l'on réaliserait cette économie d'eau, au lieu de l'employer, conformément à ce qui a été dit à la fin du numéro 11, à abaisser la température normale θ et par suite la contre-pression du condenseur, on pourrait réduire dans la même proportion de 37 p. 100 le volume engendré par le piston de la pompe à eau et à air, et diminuer ainsi notablement le travail résistant de cet organe. En effet, le travail T_a de cette pompe est

$$T_a = O + (1{,}03 - p')\,sl;$$

expression dans laquelle on a

O, travail dû à l'extraction de l'eau et de l'air, et aux frottements;

s, l'aire du piston, en centimètres quarrés;

l, la course du piston;

p', la pression moyenne dans le condenseur pendant la durée d'un coup de piston.

D'après ce qui vient d'être dit, s pourra être remplacée par

$$s' = s\,(1 - 0{,}37) = 0{,}63.s$$

et l'on aura

$$T'_a = O + (1{,}03 - p') \times 0{,}63.sl,$$

en admettant que O reste le même, supposition défavorable à notre thèse. On aura donc

$$\frac{T_a - T'_a}{T_a - O} = 1 - 0{,}63 = 0{,}37.$$

17. *Importance d'une longue durée du coup de piston.* — La troisième des conditions énoncées au numéro 12, concernant la durée du coup de piston, n'a évidemment été l'objet d'aucune attention dans les projets d'établissement des machines. On a toujours subordonné cet élément du problème à des considérations étrangères à l'utilisation du travail moteur développé. On peut s'en convaincre par les tableaux suivants, dressés d'après des renseignements puisés dans le *Traité des machines*, de M. Gaudry.

DÉSIGNATION DES BATEAUX.		FORCE		VAPEUR.		PISTON.		Nombre de tours par minute.	ROUES.		DURÉE d'un coup de piston en secondes.
Noms.	Destination.	Nominale.	Réelle.	Pression.	Détente.	Course.	Diamètre.		Diamètre à la demi-hauteur de l'aube.	Vitesse par seconde.	
		ch.	ch.	atm.		mèt.	mèt.		mèt.	mèt.	min.
Parisien n° 2. . .	Saône	120	»	1,5	0,6	1,00	1.25	34	4,63	8,239	0,937
Parisien n° 4. . .	Rhône.	240	»	1,5	0,7	1,20	1,45	34	4,70	8,836	0,937
Papin n° 9	Id.	125	»	4,0	0,3	0,91	0,86	36	4,65	8,760	0,833
Napoléon	Seine	120	148	6,0	0,4	1,36	0,56	36	3,95	7,460	0,832
Express.	Rhône (voyageurs).	450	450	5,0	0,25	1,20	1,20	35	5,30	9,707	0,857
Papin n° 6. . . .	Rhône (marchand.).	260	»	3,5	0,25	2,25	1,90	28	5,70	8,187	1,071

DÉSIGNATION DES BATEAUX.		FORCE.		VAPEUR.		PISTON.		Nombre de tours par minutes.	HÉLICE.		DURÉE d'un coup de piston en secondes.
Noms.	Destination.	Nominale.	Réelle.	Pression.	Détente.	Course.	Diamètre.		Pas.	Vitesse du propulseur.	
		ch.	ch.	atm.		mèt.	mèt.		mèt.	mèt.	sec.
Encounter.	Frégate anglaise . .	360	643	1,0	0,75	0,68	1,40	80	4,50	6,000	0,375
Arrogant	Id.	360	623	1,0	0,75	0,60	1,40	60	4,50	4,500	0,500
Niger.	Id.	400	919	1,7	»	0,45	0,94	75	5,10	6,375	0,400
Termagant . . . . (Engrenage 2 à 1)	Id.	620	1351	1,5	»	1,06	1,24	36	5,40	6,520	0,833
Napoléon. . . . . (Engrenage 2 à 1)	Vaisseau français. .	950	1300	bass	0,80	1,03	2,42	25	9,38	7,816	1,200
Eylau.	Id	900	»	2,5	0,70	1,00	1,65	60	8,90	8,900	0,500
Isly	Frégate française. .	650	»	2,5	0,80	0,80	1,56	55	8,00	7,333	0,545
Chaptal.	Corvette française. .	220	340	1,0	0,70	0,70	1,00	70	6,40	7,467	0,429
Primauguet. . . .	Id.	400	»	3,0	0,30	0,89	1,20	52	9,00	7,800	0,576
Roland. . . . . . (Engrenage 2 à 1)	Frégate française. .	400	»	bass	0,70	1,00	1,20	42	5,43	7,602	0,714

On voit par ces tableaux que la durée du coup de piston varie de 0",375 à 1",200, c'est-à-dire dans le rapport de 1 à 3, et cela sans aucune relation avec les éléments de la puissance motrice (pression, diamètre et vitesse du piston). Il est évident qu'elle n'a été déterminée que d'après le diamètre des roues ou le pas de l'hélice, en vue d'obtenir une vitesse donnée pour l'appareil propulseur.

Or, dans une machine déjà construite, on ne peut modifier cette durée qu'en changeant la vitesse du piston, et à cet effet, en diminuant ou en augmentant l'introduction de la vapeur. Dans toutes les circonstances où la résistance à vaincre permettra de diminuer cette vitesse, il y aura avantage à le faire.

Mais, s'il s'agit d'établir une machine, comme on peut disposer, dans certaines limites, du diamètre des roues ou du pas de l'hélice ou de sa vitesse angulaire (dans le cas des machines marines), et de l'engrenage multiplicateur de la transmission (dans le cas des machines fixes), on pourra réaliser les avantages attachés à la longue durée du coup de piston.

Ainsi, par exemple, les bateaux *Encounter*, *Niger*, *Arrogant*, *Termagant*, qui ont des durées de course de piston respectivement de 0",375, 0",400, 0",500, 0",833, auraient pu être organisés de manière à ne donner que 25 tours de manivelle par minute (soit 1",200 de durée de course), comme le *Napoléon*, au moyen d'un engrenage multiplicateur convenable, ou autrement.

Or, on peut mettre l'équation (7) sous la forme

$$T_{ci} = \frac{1}{3}\,\mathrm{SL}\left[(\mathrm{P}-p)\,\frac{1}{1+\nu}\cdot\frac{q^2(650-\theta)^2}{4\tau^2\mu^2\Sigma^2(\Theta-t)^2}+3p\right],$$

en remplaçant le cosinus par sa valeur en fonction de l'arc, et s'arrêtant au second terme de la série qui donne cette valeur ; et l'on voit que si, toutes choses égales d'ailleurs, on fait varier la durée du coup de piston τ, la partie du travail due au retard de la condensation diminue proportionnellement au quarré de cette durée.

Résumé de la première partie.

18. Résumant les principaux résultats fournis par la discussion des formules relatives au travail du *condenseur à injection*, nous constatons ce qui suit :

1° Il n'existe pas de taux d'injection maximum. Le vide du condenseur n'a d'autre limite, si l'eau ne fait pas défaut, que le poids des soupapes de la pompe à air ; et la partie du travail due à la contre-pression normale peut être réduite dans le rapport d'environ 71 p. 100.

2° Il y a avantage à augmenter la capacité qu'on donne actuellement à la partie vide du condenseur à injection. En quintuplant cette capacité ($v = 1$ au lieu de $\frac{1}{5}$), on diminuera, dans le rapport de 28 p. 100 environ, la partie du travail due au *retard* de la condensation ; en la décuplant ($v = 2$ au lieu de $\frac{1}{5}$), la réduction sera dans le rapport de 42 p. 100.

3° En injectant de l'eau *pulvérisée*, la partie du travail due au *retard* de la condensation pourra être réduite dans le rapport de 71 p. 100, comme on vient de le dire.

Si l'on réalise simultanément les réductions 2° et 3°, leur effet combiné sera, en appelant T_r le travail dû au retard :

$$T_r\,(1 - 0{,}42)\,(1 - 0{,}71) = 0{,}17\;T_r.$$

La réduction totale est donc

$$\frac{T_r\,(1 - 0{,}17)}{T_r} = 0{,}83 \text{ ou } 83 \text{ p. } 100$$

4° Le taux d'injection actuel peut être réduit dans le rapport d'environ 37 p. 100.

Dans certains cas où soit la rareté, soit la cherté de l'eau, empêche actuellement de condenser, cette économie pourra permettre d'employer un moteur à condensation, et alors on pourra réaliser, dans le travail de la pompe à air (déduction faite des frottements et de l'extraction de l'eau et de l'air) une réduction d'environ 37 p. 100.

5° Qu'il s'agisse de régler la marche d'une machine établie ou de faire le projet d'une machine à construire, il y a un grand avantage à donner à la course du piston le plus de durée possible.

Rapport entre le travail résistant du condenseur à injection et le travail moteur.

19. Pour préciser l'importance des améliorations résultant des réductions de travail que je viens d'énoncer, il ne reste plus qu'à déterminer par quelques exemples particuliers le rapport qui existe entre le travail résistant du condenseur $T_{c.i}$ et le travail moteur développé T_m.

Je le ferai théoriquement au moyen des formules que j'ai établies, et pratiquement en me servant de diagrammes relevés avec le plus grand soin sur une machine bien construite de M. Farcot. Ces diagrammes ont été pris par M. Demondésir, ingénieur en chef des Manufactures de l'Etat, et sont cités dans le Cours de machines professé à l'école d'application de cette administration. (Voir planche VII, les figures 4 à 12.)

Remarquons que, dans chaque diagramme, la courbe détermine trois aires, savoir : l'aire *abcdhi* (*fig.* 4) qui représente le travail moteur développé par centimètre quarré de surface du piston, c'est la quantité

$$\frac{T_m}{S} = \Pi E\left(1 + \log\frac{L}{E}\right);$$

l'aire *fghi* représentant la partie du travail résistant du condenseur due à la contre-pression normale p, que je désignerai par T_p, c'est la quantité $\frac{T_p}{S} = p.L$; et l'aire *defg* représentant l'autre partie du travail du condenseur due au retard de la condensation, que je désignerai par T_r, c'est la quantité $\frac{T_r}{S} = \frac{1}{3}\,L\,\frac{P-p}{1+\nu}\,n.$

Je consigne dans le tableau de la page suivante les valeurs de $\frac{T_r}{T_m}$; $\frac{T_p}{T_m}$; $\frac{T_{ci}}{T_m}$, déduites, d'une part, des diagrammes susénoncés ; d'autre part, de la formule (8); et en troisième lieu, de la formule (10) appliquée à un condenseur rationnellement modifié d'après ce qui est dit aux nos 12 à 16.

Nota. La machine qui a fourni les diagrammes faisait 29 tours par minute; son condenseur a pour capacité vide 1 cinquième du cylindre $\left(\nu = \frac{1}{5}\right)$. Les tiroirs n'ont presque pas d'avance.

Dans les diagrammes, la ligne du vide parfait a été déterminée d'après la pression p, observée au manomètre du condenseur, et la partie de l'ordonnée initiale comprise au-dessous de la ligne atmosphérique.

Les valeurs de n introduites dans la formule (8) sont déterminées d'après les diagrammes. Et comme il y a quelque incertitude sur la vraie position du point de contact de l'arc de parabole avec la droite parallèle à la ligne atmosphérique, il en résulte quelque indécision aussi sur les vraies valeurs de $\frac{T_r}{T_m}$ et, par suite, de $\frac{T_{c \cdot i}}{T_m}$, déduites de la formule. On conçoit, d'ailleurs, que les valeurs déduites des diagrammes comportent encore moins de précision.

Il devait donc y avoir forcément des différences dans les résultats des diagrammes et ceux tirés des formules. Mais ils se rapprochent assez pour permettre d'en conclure que $\frac{T_{c \cdot i}}{T_m}$ est compris entre 12 et 14 p. 100, moyenne 13 p. 100, dans lesquels $\frac{T_r}{T_m}$ figure pour 7 p. 100 et $\frac{T_p}{T_m}$ p. 6 p. 100.

NUMÉROS d'ordre des DIAGRAMMES.	Pression dans le cylindre avant détente Π	Pression normale dans le condenseur p	Introduction dans le cylindre $\frac{E}{L}$	Durée de l'acte de la condensation $\frac{nL}{L} = n$	D'APRÈS LES DIAGRAMMES.				D'APRÈS LA FORMULE. $T_{c.i} = \frac{1}{3} SL \left[\frac{P-p}{1+\nu} n + 3p\right] \ldots (8)$				CONDENSEUR MODIFIÉ. $\gamma = 2; \Sigma = 10\Sigma_1, p = 2^{\text{cent. mer.}} = 0^{k}.03;$ $T_{ci} = \frac{1}{3} SL \left[\frac{P-p}{1+\nu} \times \frac{1}{2}\left(1 - \cos\frac{\Sigma_1}{\Sigma}\right) + 3p\right] \ldots (10)$		
					Nombres proportionnels à $\frac{T_m}{S}$ ou aire *abcdhi*.	$\frac{T_r}{T_m}$	$\frac{T_p}{T_m}$	$\frac{T_{c.i}}{T_m}$	$\frac{T_m}{S} = \Pi E \left(1 + \log\frac{L}{E}\right)$	$\frac{T_r}{T_m}$	$\frac{T_p}{T_m}$	$\frac{T_{c.i}}{T_m}$	$\frac{T_r}{T_m}$	$\frac{T_p}{T_m}$	$\frac{T_{c.i}}{T_m}$
	kil.	kil.													
N° 1 (*fig.* 4).	3.09	0.092	0.31	0.72	2.780	0.082	0.061	0.143	2.081	0.083	0.044	0.127	0.017	0.014	0.031
N° 2 (*fig.* 5).	3.20	0.076	0.22	0.78	2.482	0.077	0.064	0.141	1.769	0.077	0.043	0.120	0.015	0.017	0.032
N° 3 (*fig.* 6).	2.84	0.069	0.29	0.73	2.434	0.071	0.059	0.130	1.843	0.083	0.037	0.120	0.016	0.017	0.033
N° 4 (*fig.* 7).	3.09	0.088	0.21	0.88	2.324	0.077	0.067	0.144	1.662	0.083	0.053	0.136	0.014	0.018	0.032
N° 5 (*fig.* 8).	2.58	0.088	0.30	0.79	2.280	0.071	0.065	0.136	1.904	0.099	0.046	0.145	0.014	0.016	0.030
N° 6 (*fig.* 9).	3.09	0.076	0.11	0.94	1.702	0.065	0.077	0.142	1.090	0.064	0.069	0.135	0.011	0.028	0.039
N° 7 (*fig.* 10).	3.09	0.075	0.15	0.84	1.872	0.062	0.065	0.127	1.315	0.080	0.056	0.136	0.004	0.023	0.027
N° 8 (*fig.* 11).	3.19	0.075	0.085	0.82	1.528	0.065	0.078	0.143	0.912	0.047	0.082	0.129	0.009	0.033	0.042
N° 9 (*fig.* 12).	3.09	0.070	0.13	0.80	1.850	0.020	0.063	0.113	1.221	0.061	0.057	0.118	0.012	0.024	0.036
Moyennes.....	....	.....	......	......	....	0.069	0.066	0.135	....	0.075	0.054	0.129	0.012	0.021	0.033

Rapport dans le cas du condenseur rationnellement modifié. — On voit que, dans le condenseur actuel, $\frac{T_{c \cdot i}}{T_m}$ varie entre $0^m,118$ et $0^m,145$, moyenne $0^m,13$; ce rapport, dans le condenseur modifié, donne une moyenne de $0^m,033$, soit une économie de 6,5 p. 100 du travail moteur développé, non compris la diminution qu'on peut faire subir au travail de la pompe à air, d'après le n° 16.

DEUXIÈME PARTIE.

1. *Spécification du condenseur à surface.* — Dans le condenseur à surface, l'eau d'alimentation ayant été préalablement distillée, et étant condensée sans mélange avec l'eau froide, il n'y a pas, en principe, de contre-pression due aux gaz. Par conséquent, dans la formule générale (5), il faut annuler les termes relatifs à cette partie f_1 de la contre-pression. Il n'y a pas non plus d'injection d'eau, et le terme affecté de $\mu\Sigma$ doit être annulé également.

Formules du travail dans le condenseur à surface. — En tenant compte de ces conditions, la formule (5) devient applicable spécialement au condenseur à surface, et l'on a

$$T_{cs} = \frac{1}{3} SL \left[(P-f) \frac{1}{1+\nu} \frac{1}{2} \left(1 - \cos \frac{q(650-\theta)}{R_s \tau \alpha} \right) + 3f \right] \ldots \qquad (13)$$

en faisant $\beta = 0$; car ici, encore mieux que dans le condenseur à injection, la chaleur absorbée par l'eau de condensation peut être négligée.

Pour les surfaces métalliques bien décapées, on a (n° 8, 1re partie)

$$\alpha = \frac{k}{e} \sigma (a-b) \ldots\ldots \qquad (3)$$

a étant la moyenne des températures de la surface interne du condenseur, lesquelles varient depuis Θ, température de la vapeur commençant à entrer dans le condenseur $\left(\text{c'est-à-dire à la pression } \frac{P}{1+\nu}\right)$ jusqu'à θ, on peut admettre

$$a = \frac{\Theta + \theta}{2}.$$

b étant aussi la moyenne des températures de la face externe du condenseur, si l'eau froide est activement renouvelée (comme c'est nécessaire pour obtenir un bon fonctionnement de l'appareil), on peut admettre que b est égale à la moyenne des températures de cette eau à son entrée et à sa sortie.

Comme la surface interne sera toujours couverte d'une couche très-mince d'eau à peu près stagnante, provenant de la condensation ; que, malgré le renouvellement de l'eau réfrigérante, la surface externe sera aussi toujours revêtue d'une couche très-mince rendue à peu près stagnante par les rugosités, si faibles qu'elles soient, du métal, on doit admettre, d'après les expériences de Péclet, que α est indépendante de l'épaisseur de la paroi, et que l'on a simplement $\alpha = k\sigma(a-b)$. Mais alors il faudra prendre pour le coefficient k, non plus le nombre de 11,19 (s'il s'agit d'un condenseur en cuivre) relatif à une paroi dont les surfaces seraient incessamment frottées pendant l'opération, de telle sorte que la couche d'eau en contact avec le métal fût renouvelée à chaque instant, mais bien le nombre 1,6 qui résulte des expériences de MM. Thomas et Laurens, pour la conductibilité calorifique du cuivre dans ces conditions [1].

2. (Premier cas.) *Condenseur décapé.* — On aura donc, pour le condenseur à surfaces décapées,

$$\widehat{T}_{cs} = \frac{1}{3} SL \left[(P-f) \frac{1}{1+\nu} \cdot \frac{1}{2} \left(1 - \cos \frac{q(650-\theta)}{R_s \tau c(a-b)} \frac{1}{k} \right) + 3f \right] \ldots \quad (14)$$

k étant égal à 1,6 dans le cas de la paroi en cuivre.

J'appellerai k' l'autre coefficient appartenant à la paroi dont les faces seraient constamment frottées pendant l'opération, et qui est de 19,11 pour le cuivre.

3. Il existe entre σ et θ une relation nécessaire qui résulte de l'état d'équilibre périodique dans lequel il faut supposer que se trouve le condenseur, car nous devons considérer l'appareil à partir du moment où la température θ y est devenue constante. Dès ce moment, la quantité de chaleur apportée au condenseur, à chaque coup de piston diminuée de celle que conserve l'eau provenant de la condensation, doit passer à travers la surface σ, dans un laps de temps égal, au plus, à la durée d'un coup de piston.

Or, la quantité de chaleur apportée à chaque coup de piston est $q \times 650$, et celle qui doit être transmise par la surface est $q(650-\theta)$. La quantité que la surface transmettra dans l'unité de temps est $k\sigma(a-b)$; et, dans le temps τ que dure un coup de piston, $\tau k\sigma(a-b)$; mais, en tenant compte du retard exprimé par le coefficient R_s, ce sera

$$R_s \tau \sigma (a-b) k.$$

[1] Il serait peut-être utile de vérifier l'exactitude de ce coefficient $k = 1,6$, parce qu'il paraît résulter d'expériences ayant eu un but plutôt industriel que scientifique.

On a donc l'équation

$$q(650-\theta)=R_{,\tau}\sigma(a-b)k;$$

d'où

$$\check{\sigma}=q\frac{650-\theta}{a-b}\frac{1}{R_{,\tau}}\cdot\frac{1}{k}\ldots \qquad (14\ bis)$$

Cette équation donne la valeur minima que doit avoir σ pour une valeur déterminée de θ. Et l'on voit bien qu'elle exprime une valeur de σ telle, que l'acte de la condensation s'accomplisse en même temps que le coup de piston et ait exactement la même durée, car, si l'on substitue (14 *bis*) dans (14) on a

$$T_{cs}=\frac{1}{3}SL\left(\frac{P-f}{1+\nu}\times 1+3f\right),$$

qui n'est autre que la formule (1) dans laquelle on ferait $n=1$.

Et si, pour une valeur de θ, la superficie était inférieure à ce minimum, l'équilibre tendrait à se former à une température normale supérieure à θ. Par contre, si la superficie effective était $N\check{\sigma}$ (en supposant $N>1$) le travail du condenseur serait moindre que dans la formule (14), laquelle exprimerait donc un maximum, le travail effectif étant alors

$$T_{cs}=\frac{1}{3}SL\left(\frac{P-f}{1+\nu}\frac{1}{N}+3f\right)\ldots \qquad (14\ ter)$$

N étant le rapport de la superficie effective à la superficie minima.

4. (Deuxième cas.) *Condenseur incrusté à l'intérieur.* — Considérons une plaque de métal d'épaisseur e, couverte d'une croûte peu conductrice d'épaisseur η et ayant pour coefficient de conductibilité intérieure γ. (Fig. 13, planche II.)

La face AB de la croûte est en contact avec la vapeur et transmet le calorique à la plaque de métal. Cette face est donc à la température moyenne a;

La face métallique CD est à la température moyenne b, et la face EF, commune au métal et à la croûte, aura une température moyenne u inconnue.

La quantité de chaleur qui traverse, dans l'unité de temps, l'unité de surface de croûte est $\frac{\alpha_{,}}{\sigma_{,}}=\frac{\gamma}{\eta}(a-u)$. Dans l'état d'équilibre périodique, cette quantité est égale à celle qui traverse le métal et qui a pour expression $\frac{\alpha_{,}}{\sigma_{,}}=\frac{k'}{e}(u-b)$, Donc on a

$$\frac{k'}{e}(u-b)=\frac{\gamma}{\eta}(a-u).$$

Éliminant u au moyen de cette équation, il vient

$$\alpha_{,}=\frac{k'\gamma}{k'\eta+\gamma e}\sigma_{,}(a-b), \quad \text{ou} \quad \alpha_{,}=\frac{1}{\frac{\eta}{\gamma}+\frac{e}{k'}}\sigma_{,}(a-b).$$

Substituant dans la formule (13) cette valeur de $\alpha_{,}$ on a

$$\widehat{T_{c\cdot s_{,}}} = \frac{1}{3}\,\mathrm{SL}\left[(P-f)\frac{1}{1+\nu}\cdot\frac{1}{2}\left\{1-\cos\frac{q\,(650-\theta)}{R_s\tau\,\sigma_{,}\,(a-b)}\left(\frac{\eta}{\gamma}+\frac{e}{k'}\right)\right\}+3f\right] \ldots (15)$$

Avec l'expression du minimum de superficie

$$\left.\begin{array}{l} \check{\sigma}_{,} = q\,\dfrac{650-\theta}{a-b}\,\dfrac{1}{R_s\tau}\left(\dfrac{\eta}{\gamma}+\dfrac{e}{k'}\right) \\ \text{ou}\quad \check{\sigma}_{,} = q\,\dfrac{650-\theta}{a-b}\,\dfrac{1}{R_s\tau}\,\dfrac{1}{\gamma}\,\eta + q\,\dfrac{650-\theta}{a-b}\,\dfrac{1}{R_s\tau}\cdot\dfrac{e}{k'} \end{array}\right\} \ldots \quad (15\,bis)$$

et

$$T_{c\cdot s_{,}} = \frac{1}{3}\,\mathrm{SL}\left(\frac{P-f}{1+\nu}\cdot\frac{1}{N_{,}}+3f\right) \ldots \quad (15\,ter)$$

5. (Troisième cas.) — *Condenseur incrusté à l'extérieur.* — Si la face externe est seule couverte d'une croûte d'épaisseur ε et de conductibilité $\varkappa$, on aura des expressions analogues à (15) et (15 *bis*), où il suffira de remplacer η par ε, γ par $\varkappa$, faire $e = 1$ quelle que soit l'épaisseur du métal, et remplacer k' par k.

On a ainsi

$$\alpha'_{,} = \frac{1}{\dfrac{\varepsilon}{\varkappa}+\dfrac{1}{k}}\,\sigma'_{,}\,(a-b)$$

$$T_{cs'_{,}} = \frac{1}{3}\,\mathrm{SL}\left\{(P-f)\frac{1}{1+\nu}\cdot\frac{1}{2}\left[1-\cos\frac{q\,(650-\theta)}{R_s\tau\,\sigma'_{,}\,(a-b)}\left(\frac{\varepsilon}{\varkappa}+\frac{1}{k}\right)\right]+3f\right\} \ldots (16)$$

$$\left.\begin{array}{l} \check{\sigma}'_{,} = q\,\dfrac{650-\theta}{a-b}\cdot\dfrac{1}{R_s\tau}\left(\dfrac{\varepsilon}{\varkappa}+\dfrac{1}{k}\right) \\ \text{ou}\quad \check{\sigma}'_{,} = q\,\dfrac{650-\theta}{a-b}\cdot\dfrac{1}{R_s\tau}\cdot\dfrac{1}{\varkappa}\,\varepsilon + q\,\dfrac{650-\theta}{a-b}\cdot\dfrac{1}{R_s\tau}\,\dfrac{1}{k} \end{array}\right\} \ldots \quad (16\,bis)$$

et

$$T_{cs'_{,}} = \frac{1}{3}\,\mathrm{SL}\left(\frac{P-f}{1+\nu}\cdot\frac{1}{N'_{,}}+3f\right) \ldots \quad (16\,ter)$$

6. (Quatrième cas.) — *Condenseur incrusté sur les deux faces.* — Soit une plaque métallique (fig. 14) d'épaisseur e couverte d''une croûte d'épaisseur η et de conductibilité γ sur la face interne, comme au n° 3, et d'une autre croûte d'épaisseur ε et de conductibilité $\varkappa$ sur la face externe, comme au n° 4. Soit u et w les températures inconnues des faces EF, GH de contact du métal et des croûtes. A l'état d'équilibre, la quantité de chaleur passant, dans l'unité de temps, à travers chacune des croûtes et à travers le métal, sera la même.

Cette quantité, considérée comme traversant la croûte ABEF, est, d'après le n° 4,

$$\frac{\alpha_{_{\prime\prime}}}{\sigma_{_{\prime\prime}}}=\frac{k'\gamma}{k'\eta+\gamma e}\cdot(a-b).$$

Considérée comme traversant la croûte GDGH, elle sera

$$\frac{\alpha_{_{\prime\prime}}}{\sigma_{_{\prime\prime}}}=\frac{\varkappa}{\varepsilon}(w-b);$$

on a donc

$$\frac{\varkappa}{\varepsilon}(w-b)=\frac{k'\gamma}{k'\eta+\gamma e}(a-b);$$

et en éliminant w au moyen de cette équation, il vient

$$\alpha_{_{\prime\prime}}=\frac{1}{\frac{\varepsilon}{\varkappa}+\frac{\eta}{\gamma}+\frac{e}{k'}}\sigma_{_{\prime\prime}}(a-b),$$

et la formule du travail devient

$$\widehat{T_{c\cdot s_{\prime\prime}}}=\frac{1}{3}\mathrm{SL}\left\{(\mathrm{P}-f)\frac{1}{1+\nu}\frac{1}{2}\left[1-\cos\frac{q(650-\theta)}{\mathrm{R}_s\tau\sigma_{_{\prime\prime}}(a-b)}\left(\frac{\varepsilon}{\varkappa}+\frac{\eta}{\gamma}+\frac{e}{k'}\right)\right]+3f\right\}\ldots(17)$$

avec l'expression du minimum de superficie

$$\left.\begin{aligned}&\check{\sigma}_{_{\prime\prime}}=q\frac{650-\theta}{a-b}\cdot\frac{1}{\mathrm{R}_s\tau}\left(\frac{\varepsilon}{\varkappa}+\frac{\eta}{\gamma}+\frac{e}{k'}\right)\\&\text{ou }\check{\sigma}_{_{\prime\prime}}=q\frac{650-\theta}{a-b}\cdot\frac{1}{\mathrm{R}_s\tau\varkappa}\varepsilon+q\frac{650-\theta}{a-b}\cdot\frac{1}{\tau\gamma}\eta+q\frac{650-\theta}{a-b}\cdot\frac{1}{\mathrm{R}_s\tau k'}e\end{aligned}\right\}\text{(17 \textit{bis})}$$

$$\text{et }\ \mathrm{T}_{c\cdot s_{\prime\prime}}=\frac{1}{3}\mathrm{SL}\left(\frac{(\mathrm{P}-f)}{1+\nu}\cdot\frac{1}{\mathrm{N}''}\right)+3f)\cdots\qquad\text{(17 \textit{ter})}$$

7. — D'après les équations (15 *bis*), (16 *bis*) et (17 *bis*), on voit que l'on considère θ comme constante et η, ε comme variables, la fonction σ croît très-rapidement à mesure que ces quantités augmentent; car ces équations représentent ou une droite ou un plan, faisant respectivement un angle très-petit, avec l'axe des σ, attendu que, dans les applications, les coefficients

$$q\frac{650-\theta}{a-b}\frac{1}{\mathrm{R}_s\tau\varkappa}\text{ et }q\frac{650-\theta}{a-b}\frac{1}{\mathrm{R}_s\tau\gamma}$$

sont toujours très-grands.

Cela signifie que, si l'on veut condenser à une température déterminée θ, il faut que le condenseur à surface ait une superficie refroidissante minima $=q\frac{650-\theta}{a-b}\frac{1}{\mathrm{R}_s\tau k}$ relative au métal non incrusté; mais que, si l'on veut annuler l'influence des incrustations qui pourraient se produire, il faut donner à la superficie une étendue beaucoup plus grande que cette valeur minima, et croissant rapidement avec l'épaisseur des croûtes.

Ainsi donc, comme je l'ai dit au n° 2, ces équations expriment une condition de minimum pour la superficie, relativement au degré de développement des croûtes ; et si ce minimum cessait d'être atteint par suite de ce développement, la température θ augmenterait de manière que l'équation du minimum fût satisfaite.

Maximum de conductibilité du métal.

8. Avant de discuter les formules relatives au condenseur à surface, il est utile d'examiner un fait d'expérience très-singulier, qui paraît d'abord paradoxal, mais sur l'existence duquel les ingénieurs semblent d'accord, d'après ce que dit Péclet (qui en donne d'ailleurs une explication physique plausible, en disant *qu'une petite incrustation augmente la superficie, à cause des aspérités qu'elle produit sur la surface*), « *le métal parfaitement décapé transmet le calorique moins bien que lorsqu'il est légèrement incrusté.* »

Nous avons dit que le coefficient de conductibilité du *métal* est susceptible de deux valeurs très-différentes suivant qu'il est, ou non, mis en contact immédiat avec le corps échauffant, d'une part, et refroidissant de l'autre. Il résulte des expériences de Péclet, que, quand ce contact immédiat existe (ce qui a lieu quand les surfaces du métal sont frottées incessamment pendant l'opération, de manière que la couche d'eau adhérente soit renouvelée à chaque instant), la quantité de chaleur qui passe à travers le métal dans un temps donné, est en raison inverse de l'épaisseur de la plaque ; mais que, si ce renouvellement de la couche de contact n'a pas lieu, la quantité de chaleur transmise est indépendante de l'épaisseur de la plaque ; et cela, à cause de la grande conductibilité des corps métalliques (ce fait n'a plus lieu lorsqu'il s'agit de corps mauvais conducteurs) ; c'est-à-dire que, dans le premier cas, la quantité est exprimée, pour l'unité de surface et de temps, par $k' \frac{a-b}{e}$ et, dans le second cas, par $k(a-b)$. Et, s'il s'agit de cuivre, k' est 19,11 d'après Péclet, et $k = 1{,}60$ d'après les expériences de MM. Thomas et Laurens [1].

Recherche de ce maximum. — La différence entre les coefficients k et k' permet d'expliquer par le calcul le fait d'expérience que nous venons de citer, et cette explication sera naturellement la confirmation du fait.

La quantité de chaleur transmise par une plaque, dans l'unité de temps et par unité de superficie est,

[1] A proprement parler, k est alors le coefficient, non pas de la plaque métallique même, mais d'un système de trois plaques juxtaposées, une en métal et les deux autres formées d'eau d'une épaisseur très-petite. Cette remarque nous donnera le moyen de déterminer, plus loin, le coefficient de conductibilité extérieure de l'eau (pénétrabilité pour la chaleur), élément dont on peut avoir besoin.

dans le cas du métal décapé, mais à surfaces non frottées pendant l'absorption, $\alpha = k(a-b)$,
dans le cas d'incrustation sur la face seule qui reçoit la chaleur,

$$\alpha_{,} = \frac{k'\gamma}{k'\eta + \gamma e}(a-b)$$

dans le cas d'incrustation sur la face seule qui émet la chaleur,

$$\alpha'_{,} = \frac{k\varkappa}{k\varepsilon + \varkappa}(a-b)$$

dans le cas d'incrustation sur les deux faces,

$$\alpha_{,,} = \frac{k'\gamma\varkappa}{k'\gamma\varepsilon + k'\varkappa\eta + \gamma\varkappa e}(a-b)$$

et l'on a pour le cuivre,

$$k = 1{,}60 \quad \text{et} \quad k' = 19{,}11$$

Généralement α est plus grand que chacune des trois autres quantités, $\alpha_{,}\ \alpha'_{,}\ \alpha_{,,}$ et l'on a

$$\left.\begin{array}{l} k(a-b) - \dfrac{k'\gamma}{k'\eta + \gamma e}(a-b) > 0, \\ k(a-b) - \dfrac{k\varkappa}{k\varepsilon + \varkappa}(a-b) > 0, \\ k(a-b) - \dfrac{k'\gamma\varkappa}{k'\gamma\varepsilon + k'\varkappa\eta + \gamma\varkappa e}\cdot(a-b) > 0. \end{array}\right\} \ldots \qquad (19)$$

Mais il se peut que, pour certaines valeurs de ε, η, ces inégalités changent de signe; et ce changement serait la confirmation du fait énoncé.

Or, si ces inégalités changent de signe, c'est qu'elles passent par la valeur o, et réciproquement, si elles passent par la valeur o, c'est qu'elles changent de signe.

Donc, si l'on pose les équations

$$k = \frac{k'\gamma}{k'\eta + \gamma e} \qquad \text{pour le 2}^{e}\text{ cas ci-dessus,}$$

$$k = \frac{k\varkappa}{k\varepsilon + \varkappa} \qquad \text{— 3}^{e}\text{ —}$$

$$k = \frac{k'\gamma\varkappa}{k'\gamma\varepsilon + k'\varkappa\eta + \gamma\varkappa e} \qquad \text{— 4}^{e}\text{ —}$$

on doit pouvoir, si le fait énoncé existe, en tirer une valeur de η et ε plus grande que o.

1° De la seconde de ces équations on tire $\varepsilon = o$; donc, le fait dont il s'agit *n'a pas lieu dans le cas d'incrustation de la face seule qui émet la chaleur* ; et ce résultat s'accorde bien avec l'explication physique proposée par Péclet; car, dans le cas considéré, l'incrustation n'existant point sur la paroi qui reçoit la chaleur, la superficie d'absorption n'est pas modifiée; et par suite, il ne peut se produire aucun maximum de conductibilité.

2° De la première on tire

$$\eta = \gamma\left(\frac{1}{k} - \frac{1}{k'}e\right);$$

cette valeur est positive pour

$$e < \frac{k'}{k}$$

Or, pour le cuivre (seul métal employé pour la paroi des condenseurs à surface, pour les tuyaux des chaudières tubulaires locomotives et autres) on a

$$\frac{k'}{k} = \frac{19,11}{1,6} = 12,$$

et dans ces organes e ne dépasse pas 2 millim.

Donc le fait énoncé *existe dans le cas d'incrustation de la face seule qui reçoit la chaleur.*

Quant à la valeur de η résultant de cette équation (et qui est l'épaisseur maxima des croûtes qu'on appellera *conductrices*), elle dépend de γ et de e.

Nous supposerons $e = 1$ millim. pour les tubes des condenseurs à surface et $e = 2$ pour les tubes des chaudières tubulaires.

Épaisseurs maxima des croûtes conductrices.

Dans les condenseurs, la croûte est une sorte d'enduit gras formé de suif, entraîné par la vapeur, et d'oxyde de fer, d'oxyde ou de carbonate de cuivre, de carbonates de chaux, de magnésie libre, de sulfate de chaux, etc., son coefficient de conductibilité sera intermédiaire entre les suivants, donnés par Péclet :

Brique très-fine obtenue par décantation..........	0,14
Craie en poudre..................................	0,108
Limaille de fer..................................	0,157
Bioxyde de manganèse en poudre................	0,163
Moyenne..............	0,14

On pourra donc faire $\gamma = 0,14$, et l'on aura pour les condenseurs à surface

$$\eta_1 = 0,14\left(\frac{1}{1,6} - \frac{19,11}{1} \times 1\right) = 0^{m\cdot m\cdot},08\,;$$

3° Dans les chaudières tubulaires, la croûte est un mélange de cendres, de noir de fumée, d'oxyde de cuivre, de sulfure de cuivre, le tout plus ou moins concrétionné par une chaleur sèche, assez vive, et a, par suite, de l'analogie avec la *terre cuite*, pour le coefficient de laquelle Péclet donne $\gamma = 0,5$.

Nous aurons donc pour les chaudières tubulaires

$$\eta_{,,} = 0,5\left(\frac{1}{1,6} - \frac{1}{19,11_{,}} \times 2\right) 0^{\text{m.m.}},26.$$

4° De la 3e équation on tire

$$\varepsilon = \varkappa\left(\frac{1}{k} - \frac{1}{k'}e - \frac{1}{\gamma}\eta\right).$$

Dans l'incrustation de la face externe, la croûte est formée par le carbonate de chaux ou le sulfate de chaux (ou les deux ensemble) s'il s'agit d'eau de mer, par les carbonates de chaux et de magnésie libre, pour les condenseurs, et de sulfate de chaux et de magnésie et la magnésie libre dans les chaudières tubulaires; et elle se produit par agrégation sédimentaire, imprégnée d'eau. Dans cet état, elle a de l'analogie avec la croûte interne des condenseurs et l'on peut faire $\varkappa = \gamma = 0,14$.

On a donc, pour les condenseurs,

$$\varepsilon_1 = 0,14\left(\frac{1}{1,6} - \frac{1}{19,11} \times 1 - \frac{1}{0,14}\eta\right), \quad \text{ou} \quad \varepsilon_1 = 0,14\left(0,57 - \frac{1}{0,14}\eta\right).$$

Tant que η est près de o, la valeur de ε_1 correspondante au maximum est près de $0,14 \times 0,57 = 0,08$. A mesure que η augmente, ε_1 diminue jusqu'à devenir nulle.

Ainsi l'*épaisseur de croûte correspondante au maximum de conductibilité dans les condenseurs à surface* ne peut pas excéder $0^{\text{mm}}.08$.

Pour les chaudières tubulaires on a

$$\varepsilon_{,,} = 0,14\left(\frac{1}{1,6} - \frac{1}{19,11} \times 2 - \frac{1}{0,14}\eta\right);$$

d'où l'on déduit, comme ci-dessus, *que* $\varepsilon_{,,}$ *ne peut pas excéder* $0^{\text{mm}}.073$.

Diminution rapide de la conductibilité à partir du maximum.

5° Il importe de remarquer que, lorsque ε et η croissent à partir des valeurs ci-dessus, épaisseurs maxima des croûtes *conductrices*, les seconds termes des inégalités (19) décroissent très-rapidement. En effet, en substituant à γ, $\varkappa$ leur valeur 0,14, ces termes deviennent respectivement

$$\frac{1}{\frac{\eta}{0,14} + \frac{e}{k}} \quad \text{ou} \quad \frac{1}{7,14\eta + \frac{e}{k'}},$$

$$\frac{1}{\frac{\varepsilon}{0,14}+\frac{1}{k}} \quad \text{ou} \quad \frac{1}{7,14\varepsilon+\frac{1}{k}},$$

$$\frac{1}{\frac{\varepsilon}{0,14}+\frac{\eta}{0,14}+\frac{e}{k'}} \quad \text{ou} \quad \frac{1}{7,14\varepsilon+7,14\eta+\frac{e}{k'}}.$$

Or, ces quantités sont la mesure de l'efficacité du condenseur, car c'est par ces quantités qu'il faut multiplier la superficie et la différence des températures $(a-b)$ pour avoir les quantités respectives de chaleur transmises dans l'unité de temps.

Comparaison entre la condensation par injection et celle par surface.

9. Faisons maintenant un rapprochement entre la formule (14) exprimant le travail dans le *condenseur à surf ce décapé* et la formule (7) relative au *condenseur à injection*, en rétablissant dans cette dernière le coefficient R.

Ces formules deviennent, en y remplaçant le cosinus par sa valeur en fonction de l'arc,

$$\widehat{T_{es}}=\frac{1}{3}\mathrm{SL}\left[(\mathrm{P}-f)\frac{1}{1+\nu}\cdot\frac{q^2(650-\theta)^2}{4\mathrm{R}^2_s\tau^2\sigma^2(a-b)^2}\cdot\frac{1}{k^2}+3f\right]\ldots \qquad (14\,bis)$$

$$\widehat{T_{ei}}=\frac{1}{3}\mathrm{SL}\left[(\mathrm{P}-p)\frac{1}{1+\nu}\cdot\frac{q^2(650-\theta)^2}{4\mathrm{R}^2_i\tau^2\Sigma^2(\Theta-t)^2}+3p\right]\ldots \qquad (7\,bis)$$

Supposons que les deux condenseurs aient toutes choses égales, et ne diffèrent que par les éléments qui caractérisent les deux systèmes. On a

$$\frac{\widehat{T_{ci}}-p.\,\mathrm{SL}}{\widehat{T_{cs}}-f.\,\mathrm{SL}}=\frac{\mathrm{P}-p}{\mathrm{P}-f}\cdot\frac{(a-b)^2}{(\Theta-t)^2}\cdot\frac{(1+\nu_s)}{1+\nu_i}\cdot\frac{k^2}{\mu^2}\cdot\frac{\sigma^2}{\Sigma^2}\cdot\frac{\mathrm{R}_s^2}{\mathrm{R}_i^2}.$$

Or $\frac{\mathrm{P}-p}{\mathrm{P}-f}$ est < 1 puisqu'on a $p=f+f_1$; $\frac{(a-b)^2}{(\Theta-t)^2}$ est évidemment aussi < 1; k coefficient pour le cas du métal décapé, mais ayant une couche très-mince d'eau stagnante sur les faces, est nécessairement plus petit que μ, coefficient de conductibilité extérieure de l'eau [1], car k com-

[1] *Calcul du coefficient de perméabilité de l'eau.* — Au reste, de k et de k' on peut déduire μ par le calcul; et la connaissance de cette quantité (le coefficient de *pénétrabilité* de l'eau pour *la chaleur*) peut être utile.

Soit (fig. 16, planche II) une plaque de métal dont la face AB est soumise au contact de vapeur d'eau qui s'y condense et y laisse une couche très-mince de liquide à peu près stagnante, et dont l'autre face CD est refroidie avec de l'eau, courante, mais dont une couche aussi très-mince est retenue stagnante contre ladite surface par la capillarité ou le frottement. a est la température moyenne de la vapeur, b la température moyenne de l'eau courante. Il y aura aux deux faces du métal AB, DC les températures inconnues u, w. A l'état d'équilibre, il passe une même quantité de chaleur, dans l'unité de temps et par unité de superficie à travers chacune des couches stagnantes

prend à la fois l'effet exprimé par μ, et la difficulté que la chaleur éprouve à traverser le métal. D'un autre côté, on peut toujours faire facilement $\nu_i = \nu_s$, en sorte que $\frac{1+\nu_s}{1+\nu_i}$ soit égale à 1.

On aura donc

$$\frac{\widehat{T_{c \cdot i}} - p.\,SL}{\widehat{T_{c \cdot e}} - f.\,SL} < \frac{\sigma^2}{\Sigma^2} \cdot \frac{R_s^2}{R_i^2}.$$

Ainsi les parties respectives du travail dues au *retard* de la condensation, dans les deux sortes de condenseurs, varient plus rapidement que le rapport inverse des carrés des superficies respectives σ et Σ appartenant, la première à la paroi refroidissante du *condenseur à surface*, la seconde au jet

d'eau et à travers le métal. Or cette quantité a successivement pour expression, savoir: pour la première couche d'eau, $\mu\,(a-u)$; pour la seconde, $\mu\,(w-b)$; et pour le métal $\frac{k'\,(u-w)}{e}$; et l'on a

$$\mu\,(a-u) = \frac{k'\,(u-w)}{e}; \quad \mu\,(w-b) = \mu\,(a-u);$$

d'où

$$u = \frac{\mu\,a + \frac{k'}{e}\,(a+b);}{\mu + \frac{2k'}{e}};$$

substituant dans la première de ces expressions, on a

$$\mu\,(a-u) = \mu\left(a - \frac{\mu\,a + \frac{k'}{e}\,(a+b)}{\mu + \frac{2k'}{e}}\right) = \frac{a-b}{\frac{k'}{e} + \frac{2}{\mu}};$$

et pour $e = 1$ on aura

$$\frac{a-b}{\frac{1}{k'} + \frac{2}{\mu}}.$$

Telle est la quantité de chaleur qui traverse, dans l'unité de temps, et par l'unité de superficie, la plaque dont il s'agit, en métal décapé, mais revêtu de la couche d'eau stagnante.

Or, nous savons par les expériences, déjà citées, de MM. Thomas et Laurens que cette quantité est pour le cuivre 1,6 $(a-b)$. On a donc

$$1{,}6\,(a-b) = \frac{a-b}{\frac{1}{19{,}11} + \frac{2}{\mu}};$$

d'où l'on tire

$$\mu = 3{,}55.$$

De là on déduit une méthode pour déterminer facilement μ pour tout liquide volatil: il suffirait de déterminer k pour ce liquide par le moyen simple employé par MM. Thomas et Laurens, et par le calcul ci-dessus on en déduirait μ pour ce liquide.

de l'eau introduite dans le *condenseur à injection*, rapport multiplié par le carré du rapport des coefficients R_s et R_i plus petit lui-même que l'unité.

Supériorité de la condensation par injection sur celle par surface.

Cette inégalité sert de mesure d'une manière générale à la supériorité du principe de la condensation par *injection* sur celui de la condensation *par surface métallique intermédiaire*, même en dehors des effets d'incrustation dont nous allons nous occuper. Or, cette supériorité est très-considérable : 1° parce que σ est limitée par le coût de l'appareil, par l'espace qu'il exige, et que d'ailleurs elle est constante pour un appareil établi ; tandis que Σ peut être accrue dans des proportions considérables sans augmentation d'espace, ni de force, et peut varier à volonté ; 2° parce que le coefficient R_s qui dépend de la résistance de frottement de la vapeur dans les tubes du condenseur, et de la présence de l'air dans ces tubes, est très-petit par rapport à R_i.

Il ne faut donc pas abandonner le principe de l'injection, sans nécessité absolue ; et je démontrerai plus loin qu'il n'y a nullement nécessité de le faire.

Applications.

10. Appliquons maintenant, pour fixer les idées, les formules nos 2, 3, 4 et 5 de la deuxième partie, à une machine de 100 chevaux (force motrice développée), marchant à 4 atmosphères ($\Pi = 4^k12$) ; introduisant au $\frac{1}{4}$ d'où $P = \frac{\Pi}{4} = 1^k,03$; donnant 30 tours ou 60 coups de piston par minute $\tau = 1''$) ; qui aurait un cylindre de $0^m,71$ de diamètre intérieur ; une course de piston $L = 0^m,80$, par suite $E = \frac{L}{4} = 0^m,2$; dont le condenseur à surface aurait une capacité vide égale à celle du cylindre ($\nu' = 1$) ; condensant à $\theta = 40°$; la paroi condensante étant en cuivre de 1 millimètre d'épaisseur ($e = 1$) ; l'eau froide entrant à 15 et sortant à 21 degrés, et supposons que le condenseur se trouve successivement dans les cas énoncés auxdits numéros.

Outre les données ci-dessus, on a

$$f = 0^k,07;\ a = \frac{\Theta + \theta}{2} = \frac{82 + 40}{2} = 61°,$$

attendu que 82 degrés est la température correspondante à

$$\frac{P}{1+\nu} = \frac{1,03}{2} = 0^k,515;\quad b = \frac{15 + 21}{2} = 18;$$

$$\gamma = \varkappa = 0,14;\quad k = 1,6;\quad k' = 19,11$$

et

$$q = \frac{3,14 \times \overline{0,355}^2 \times 0,2}{476} = 0^k,17,$$

476 étant le volume spécifique de la vapeur à 4 atmosphères.

Les formules deviennent :

(Premier cas.) *Condenseur décapé.*

$$\widehat{T_{cs}} = \frac{1}{3}\,SL\left[(1,03 - 0,07)\frac{1}{2}\cdot\frac{1}{2}\cdot\frac{(0,17)^2(650-40)^2}{2R_s^2\sigma^2(61-18)^2}\times\right.$$

$$\left.\frac{1}{(1,6)^2} + 3\times 0,07\right]\ldots \qquad (14)$$

ou

$$\widehat{T_{cs}} = 0,093\,\frac{1}{R_e^2\sigma^2}\,SL + 0,07\,SL,$$

et

$$\check{\sigma} = 0,17\,\frac{650-40}{61-18}\cdot\frac{1}{1,6}\,\frac{1}{R_s} = 1^{m\cdot q},5\,\frac{1}{R_s};$$

d'où

$$\widehat{T_{cs}} = 0,11\,.\,SL.$$

(Deuxième cas.) *Condenseur incrusté de* 1 *millimètre sur la face interne seule.*

$$\widehat{T_{cs_1}} = \frac{1}{3}\,SL\left[(1,03 - 0,07)\frac{1}{2}\cdot\frac{1}{2}\,\frac{(0,17)^2(650-40)^2}{2R_s^2\sigma_1^2(61-18)^2}\times\right.$$

$$\left.\left(\frac{1}{0,14} + \frac{1}{19,11}\right)^2 + (3\times 0,07)\right]\ldots \qquad (15)$$

ou

$$\widehat{T_{cs_1}} = 12,01\,\frac{1}{R_s^2\sigma_1^2}\,SL + 0,07\,SL;$$

$$\check{\sigma}_1 = 0,17\,\frac{650-40}{61-18}\left(\frac{1}{0,14} + \frac{1}{19,11}\right)\frac{1}{R_s} = 17^{m\cdot q},34\,\frac{1}{R_s};$$

d'où

$$\widehat{T_{cs_1}} = 0,11\,SL.$$

(Troisième cas.) *Condenseur incrusté de* 1 *millimètre sur la face externe seule.*

$$\widehat{T_{cs'_1}} = \frac{1}{3}\,SL\,(1,03 - 0,07)\frac{1}{2}\cdot\frac{1}{2}\cdot\frac{(0,17)^2(650-40)^2}{2R_s^2\sigma_1'^2(61-18)^2}\times$$

$$\left(\frac{1}{0,14} + \frac{1}{1,6}\right)^2 + 3\times 0,07\right]\ldots$$

ou

$$\widehat{T_{cs'_i}} = 14 \frac{1}{R_s^2 \sigma_1'^2} SL + 0{,}07\, SL,$$

$$\check{\sigma}_1' = 0{,}17 \frac{650-40}{61-18} \left(\frac{1}{0{,}14} + \frac{1}{1{,}6}\right) \frac{1}{R_s} = 18^{m.q.},73 \frac{1}{R_s};$$

d'où

$$\widehat{T_{cs'_i}} = 0{,}11 \,.\, SL$$

(Quatrième cas.) *Condenseur incrusté de* 1 *millimètre sur les deux faces.*

$$\widehat{T_{cs_{ii}}} = \frac{1}{3} SL \left[(1{,}03 - 0{,}07) \frac{1}{2} \cdot \frac{1}{2} \cdot \frac{(0{,}17)^2 (650-40)^2}{2 R_s^2 \sigma_{ii}^2 (61-18)^2} \times \right.$$

$$\left. \left(\frac{1}{0{,}14} + \frac{1}{0{,}14} + \frac{1}{19{,}11}\right)^2 + 3 \times 0{,}07 \right] \ldots$$

ou

$$\widehat{T_{cs_{ii}}} = 47{,}98 \frac{1}{R_s^2 \sigma_{ii}^2} SL + 0{,}07\, SL,$$

et

$$\check{\sigma}_{ii} = 0{,}17 \frac{650-40}{61-18} \left(\frac{1}{0{,}14} + \frac{1}{0{,}14} + \frac{1}{19{,}11}\right) = 34^{m.q},56 \frac{1}{R_s} \ldots$$

d'où

$$\widehat{T_{qs_{ii}}} = 0{,}11 . SL,$$

11. Ainsi, dans ces exemples, le travail résistant du condenseur à surface sera constamment $\widehat{T_{c.s}} = 0{,}11 \,.\, SL$, *pourvu que la superficie* σ *soit égale aux minima correspondants respectivement à chaque cas d'incrustation ;* savoir :

Pour le condenseur décapé, $\check{\sigma} = 1^{m.q},5 \frac{1}{R_s}$

id. incrusté de $1^{m.m}$ à l'intérieur. . $\check{\sigma}_1 = 17{,}34 \frac{1}{R_s} = 11{,}5 . \check{\sigma}$

id. id. à l'extérieur . $\check{\sigma}'_1 = 18{,}73 \frac{1}{R_s} = 12{,}4 . \check{\sigma}$

id. id. sur les deux faces $\check{\sigma}_{ii} = 34{,}56 \frac{1}{R_s} = 22{,}9 . \check{\sigma}$

Or, le travail moteur développé sur le piston est

$$T_m = SL \times 4{,}12 \times 0{,}2\, [1 + 2{,}302 . \log 4] = 1{,}96 . SL.$$

Donc, le travail résistant, pour le cas considéré, est $\frac{0{,}11}{1{,}96}$ ou 0,06 ou 6 p. 100 du travail moteur.

12. Ce rapport diminuerait ou augmenterait selon que la superficie serait supérieure ou inférieure au minimum pour chaque cas. Or, elle peut devenir inférieure par le fait de l'augmentation des croûtes. Qu'arriverait-il alors?

Comme l'équation de condition entre θ et la surface minima doit toujours être satisfaite, θ augmenterait en conséquence. Supposons, par exemple (4e cas croûte de 1 millim. à chaque face), que la surface $\check{\sigma}_{n}$ étant $34^{mq}.56 \frac{1}{R_e}$, valeur minima pour $n = \varepsilon = 1$, les croûtes deviennent $n = \varepsilon = 1,1$.

Résolvant par rapport à θ l'équation (17 *bis*), nous avons, en y substituant les valeurs ci-dessus,

$$\theta = 650 - 34{,}56 \frac{61 - 18}{0{,}17} \frac{1}{R_e} \cdot \frac{1}{\frac{2}{0{,}14} + \frac{1}{19{,}11}} = 650^\circ - 550^\circ \frac{1}{R_e};$$

et, en supposant $R_e = 1$, supposition très-défavorable à notre thèse, on aurait $\theta = 100$.

Par suite, la pression normale serait $f = 1^k{,}03$; le travail du condenseur serait, au moins, $\check{T}_{ce_n} = 1{,}03$. SL, ou 52 p. 100 du travail moteur.

Nécessité d'une superficie beaucoup plus grande que celle voulue pour le condenseur décapé.

Ce résultat prouve la nécessité de donner au condenseur une superficie condensante beaucoup plus grande que celle qui suffirait pour le condenseur décapé; et les constructeurs anglais en auront sans doute été avertis par leurs premiers essais de construction de condenseur à surface; car ils adoptent généralement le taux de 1 mètre quarré de superficie par force de cheval; ce qui revient, dans l'hypothèse du n° 10, à $\frac{100}{1{,}5} \check{\sigma}$ ou 66 fois la surface minima.

13. Remarquons en outre que la surface minima est en raison inverse de $a - b$. D'un autre côté, dans les cas particuliers du n° 10, j'ai supposé $b = \frac{15 + 21}{2}$, condition favorable qui ne se réalisera pas dans tous les parages maritimes; car l'eau, à la surface de la mer, est quelquefois à 20, 25, 30 degrés et plus.

Si, par exemple, on avait de l'eau froide à 20 au lieu de 15 degrés, et que par suite on dût faire $b = \frac{20 + 26}{2} = 23^\circ$, par ce seul fait d'élévation de la température moyenne b, et à part toute influence de l'accroissement des croûtes, la température θ augmenterait jusqu'à $116^\circ{,}81$; c'est-à-dire qu'il n'y aurait plus de condensation, tout autant que la surface serait réduite au minimum eu égard à l'état d'incrustation; et pour la rétablir, il faudrait ou décaper la surface ou augmenter la circulation d'eau froide de manière à diminuer b.

Par ce qui vient d'être dit dans ce numéro et les deux précédents, on voit à quelles perturbations est soumis le condenseur à surface; et l'on comprend qu'il doive en résulter des pertes de force notables, surtout si l'on n'apportait pas une attention extrême à faire des nettoyages en temps opportun, afin d'éviter que la superficie ne devînt inférieure au minimum.

14. Il me paraît utile d'insister sur ce point, et de comparer directement entre elles deux machines identiques, sauf en ce qui concerne le condenseur, qui serait à *injection* dans la première et à *surface* dans la seconde, et marchant dans les mêmes conditions, sauf aussi la pression Π qui serait, à l'introduction, deux atmosphères dans la première, et cinq dans la seconde. Soit, d'ailleurs, de part et d'autre, $\tau = 1$; $\nu = 1$.

Évaluons les avantages que procurera la pression élevée. Je laisserai ici de côté les considérations qui sont trop en dehors de ma compétence, et qui se rapportent aux avantages consistant à pouvoir étendre les limites de la vitesse du navire, de diminuer le poids et l'encombrement de l'appareil moteur. Je ne m'attacherai qu'à l'utilisation de la force motrice, c'est-à-dire à la considération de la dépense en combustible, qui implique d'ailleurs la question de poids et d'encombrement.

Supposons que le premier moteur détende au $\frac{1}{2}$ et le deuxième au $\frac{1}{5}$, afin d'arriver à la même pression après détente $P = 1^{atm}$. On a

$$T_{m_2} = \Pi SE\left[1 + 2{,}3026 \log \frac{L}{E}\right] = 2{,}06 \times 0{,}5\,[1 + 2{,}306.\log 2]\,SL = 0{,}714.SL$$

$$T_{m_5} = 5{,}163 \times 0{,}2\,[1 + 2{,}3026.\log 5]\,SL = 2{,}696.SL$$

Il est clair que les dépenses respectives de combustible seront directement proportionnelles aux quantités de vapeur F consommées par chaque coup de piston, et en raison inverse des quantités de travail moteur utilisé T_u. Ainsi ces dépenses sont respectivement proportionnelles, savoir :

$$\left.\begin{array}{ll}\text{Pour le 1}^{\text{er}}\text{ moteur à} & \dfrac{F_2}{T_{u_2}},\\ \text{Pour le 2}^{\text{e}}\quad \text{—}\quad\text{à} & \dfrac{F_5}{T_{u_5}}.\end{array}\right\}\text{et leur rapport sera } \frac{F_2}{F_5}\cdot\frac{T_{u_5}}{T_{u_2}},$$

Au facteur $\frac{T_{u_5}}{T_{u_2}}$, je substituerai $\frac{T_{u_5} + O_5}{T_{u_2} + O_2}$, en appelant O_5 et O_2 la somme de toutes les résistances passives, autres que le travail du condenseur; ce qui revient à supposer (et cela peut être considéré comme suffisamment approché de la vérité dans cette question), que O_5 et O_2 sont respectivement une même fraction de T_{u_5} et de T_{u_2}; car alors on aurait

$$\frac{T_{u_5} + O_5}{T_{u_2} + O_2} = \frac{T_{u_5}\left(1 + \frac{1}{m}\right)}{T_{u_2}\left(1 + \frac{1}{m}\right)} = \frac{T_{u_5}}{T_{u_2}}\ [1]$$

[1] En fait, O_5 est une fraction de T_{u_5} plus petite que O_2 ne l'est de T_{u_2}, parce que les frottements ne croissent pas proportionnellement à la pression. L'hypothèse conduira donc à une expression du rapport trop forte.

On aura donc pour le rapport approximatif des dépenses

$$\frac{F_2}{F_5}\cdot\frac{T_{u5}+\theta_5}{T_{u2}+\theta_2} \quad \text{ou} \quad \frac{F_2}{F_5}\cdot\frac{T_{m5}-T_{c\cdot s}}{T_{m2}-T_{c\cdot i}}.$$

En substituant à F le produit du volume par la densité, et à T_m les valeurs déterminées ci-dessus, on a pour le rapport

$$\frac{0{,}5\times 0{,}001116}{0{,}2\times 0{,}002574}\cdot\frac{2{,}696-T_{cs}}{0{,}714-T_{c\cdot i}} \quad \text{ou} \quad 1{,}084\,\frac{2{,}696-T_{cs}}{0{,}714-T_{ci}}.$$

Ce rapport donne la mesure (en ce qui concerne l'utilisation de la force), des avantages de la pression élevée sur la moyenne pression, réalisés à l'aide du *condenseur à surface*. Selon que ce rapport sera > 1 ou $= 1$ ou < 1 ces avantages seront ou *positifs* ou *nuls* ou *négatifs*.

Tant que n, ou le *retard* de la condensation, sera la même de part et d'autre, on sait que $T_{cs} = T_{c\cdot i}$; et le rapport est évidemment > 1.

Mais si, par l'effet d'un accroissement des incrustations dans le condenseur à surface, la superficie de celui-ci tombe au-dessous de sa valeur minima, on sait que θ augmente rapidement, que, par exemple, dans le cas du n° 12, θ monte à 100 degrés, et $T_{c\cdot s} = 1{,}003$ SL, au moins.

On sait aussi que, par contre, rien ne trouble la marche du condenseur à injection ; que, dans l'état actuel de cet appareil, le travail résistant y est d'environ 0,13 du travail moteur, et que moyennant les améliorations décrites dans la première partie de ce mémoire, il peut être réduit à 0,033.

Dès lors, le rapport ci-dessus devient, dans le cas du n° 12, $1{,}084\,\frac{2{,}696-1{,}207}{0{,}714-0{,}137} = 2{,}754$. Tandis que si l'on appliquait le condenseur à injection, comme je l'indiquerai plus loin, le rapport serait $1{,}084\,\frac{2{,}696-0{,}13}{0{,}714-0{,}13} = 4{,}747$; et, si l'on appliquait les améliorations que je viens de rappeler, $1{,}084\,\frac{2{,}696-0{,}033}{0{,}714-0{,}13} = 4{,}943$.

Ainsi, l'utilisation de la force étant 1 dans un moteur à 2 atmosphères à condenseur à injection ordinaire, elle sera de 4,75 dans le même moteur marchant à 5 atmosphères ; mais, si ce dernier avait un condenseur à surface de superficie inférieure au minimum, l'utilisation tomberait à 2,75.

Résumé des causes d'infériorité du condenseur à surface.

15. De tout ce qui précède, je crois pouvoir conclure que le *condenseur à surface* est fondé sur un principe rétrograde ; et cela, par les motifs que je résume ci-après :

1° Il ne comporte pas les améliorations qui se déduisent de la théorie exposée dans la première partie, et qui permettent de réduire dans le rapport de 4 à 1 le travail du *condenseur à injection* actuel.

2° Il est sujet à incrustation, ce qui oblige à lui donner une superficie très-considérable (au moins 1 mètre quarré par force de cheval), ce qui nécessite l'emploi de tubes de petit diamètre, dans lesquels la vapeur éprouve de grands frottements.

3° Si l'épaisseur des croûtes correspondant à la superficie minima est dépassée, les avantages attachés à la haute pression peuvent être amoindris dans une forte proportion et même annulés tout à fait.

4° Les frottements de la vapeur dans les tubes du condenseur, croissent avec le développement des croûtes; d'autre part, la présence, dans ces tubes, de l'air qui s'infiltre par les fuites, empêche le contact de la vapeur avec les surfaces refroidissantes : deux causes contingentes d'inertie de l'appareil qui ne doivent pas subsister dans un organe aussi important du moteur.

Rôle de l'incrustation : peut-elle être évitée?

16. On voit que, parmi les causes d'infériorité du *conducteur à surface*, l'incrustation joue un rôle considérable. Il y a donc lieu d'examiner si l'on peut l'empêcher, ou au moins l'atténuer, et dans quelles limites.

Surface extérieure. — Nature de l'eau froide.

L'eau réfrigérante, qu'elle provienne d'un puits, d'une rivière ou de la mer, contiendra toujours des sels incrustants tels que bicarbonate de chaux (pour les eaux douces), bicarbonates de chaux et de magnésie (pour les eaux salées). Ces bicarbonates, en perdant une partie de leur acide carbonique, déposeront [1] des carbonates neutres sur la face externe du condenseur, à moins qu'on ne les transformât en sels solubles par l'addition préalable d'une proportion convenable d'acide sulfurique ou chlorhydrique. Mais la plupart des eaux douces, et la généralité des eaux de mer, contenant plus de 0,0002 de carbonates, l'emploi de ces acides, quoique peu chers, occasionnerait une trop grande dépense.

Surface intérieure. — L'incrustation interne ne peut être évitée.

Quant à la surface interne, elle s'incrustera toujours, quoi qu'on fasse. En effet, même en admettant que l'eau alimentaire des générateurs ait été exactement distillée, et ne contienne par suite aucun sel en dissolution, elle tiendra toujours en suspension des matières insolubles, provenant des masticages, de l'usure des organes frottants en fonte, fer, cuivre, et surtout de l'oxyde de fer qui se produira abondamment dans les chaudières; et la vapeur, entraînant à chaque coup de piston, une certaine quantité de ces matières extrêmement ténues, les déposera sur la surface condensante, où elles formeront par elles-mêmes une croûte, qui sera encore favorisée par le suif entraîné aussi par la vapeur.

[1] Péclet dit (*Traité de la chaleur*, vol. II, p. 87) : « Il se forme sur la surface des « condenseurs... des incrustations qui diminuent progressivement la transmission de « la chaleur, et qui encombrent les intervalles entre les tuyaux... Les essais de condenseurs à surface n'ont pas eu de succès. »

Et il n'y a pas à espérer d'obvier à l'inconvénient en faisant passer à travers un filtre l'eau à sa sortie du condenseur, et avant son injection dans la chaudière : ce ne serait là qu'un palliatif, les matières se formant incessamment dans la chaudière, le cylindre, et les conduits que la vapeur parcourt.

Fuites du condenseur — Fuites des joints.

Au reste, ces substances fournies par les organes de l'appareil, ne sont pas les seules qui concourent à l'incrustation de la face interne : il est impossible, pratiquement, de faire un condenseur à surface *absolument étanche ;* les surfaces énormes qu'exige cet appareil obligent à le former au moyen de tuyaux de petit diamètre et très-multipliés (4 à 5000 tuyaux pour un moteur de 350 chevaux). Dans le nombre considérable de joints de ces tuyaux sans cesse distendus et contractés par les changements de température, il se produira toujours quelques fuites par lesquelles l'eau réfrigérante s'introduira en vertu de la pression de l'eau même, et de l'excès considérable de la pression atmosphérique sur celle du condenseur.

Infiltration d'eau incrustante.

L'eau des générateurs ne tardera donc pas à devenir incrustante, et déposera des cristaux de carbonate et de sulfate de chaux précipités par la chaleur, et de la magnésie libre (s'il s'agit d'eau de mer); ce seront là de nouveaux matériaux pour le développement de la croûte intérieure du condenseur.

Infiltrations de gaz.

Remarquons ici, en passant, et à l'appui de ce qui a été dit au n° 14, qu'avec l'eau froide, s'infiltrant par les fuites, s'introduisent les gaz qu'elle tient en dissolution, et dont la présence dans les tuyaux tend à paralyser l'action refroidissante.

Nettoyage du condenseur. — On peut atténuer l'effet des incrustations.

4° Ainsi donc l'incrustation du condenseur à surface est inévitable. Mais serait-il possible pratiquement, de l'atténuer assez par des nettoyages méthodiquement organisés ?

Dans un mémoire sur l'incrustation des chaudières [1], j'ai indiqué, à propos d'un appareil ayant quelque analogie de disposition avec le condenseur à surface, un moyen de nettoyage qu'on pourrait appliquer ici : il consiste à se munir d'un appareil de rechange qui permît de mettre périodiquement au repos l'un des condenseurs qu'on nettoierait en introduisant, à l'extérieur des tubes, une dissolution faible d'acide chlorhydrique pour dissoudre la croûte de carbonate, et à l'intérieur, une dissolution concentrée

[1] Recherches sur l'incrustation des chaudières à vapeur. (*Annales des Mines*, livraison de septembre et octobre 1854.)

et bouillante de carbonate de potasse pour désagréger la croûte grasse et pouvoir ensuite l'enlever au moyen d'un écouvillon qu'on passerait dans chaque tube.

Mais cette manipulation, assez pénible pour le cas du condenseur, auquel ne s'appliqueraient pas les dispositions énoncées dans mon mémoire, et que je rappellerai plus loin, devrait être répétée assez souvent pour que les croûtes n'atteignissent pas l'épaisseur qui ferait tomber la superficie au-dessous de sa valeur minima.

Vitesse de formation de la croûte externe.

Or, pour ne considérer d'abord que la croûte extérieure, remarquons que chaque mètre cube d'eau froide (s'il s'agit d'eau de mer, qui contient généralement 0,0002 de carbonate) apporte dans la capacité à l'extérieur des tubes $0^k,2$ de ce sel. Cette eau passant, je suppose, de 15 à 21 degrés, devra affluer, par chaque coup de piston, à raison de

$Q = 0,17 \frac{650 - 40}{21 - 15} = 17$ kilogrammes par seconde (pour une machine de 100 chevaux faisant trente tours ou donnant soixante coups de piston par 1 minute); soit 61,200 kilogrammes d'eau par heure, soit $6,12 \times 2 = 12^k,24$ de carbonates. Prenant 1,2 pour densité de la croûte, on trouve un volume de $\frac{12,24}{1,2} = 10^{d.c}2$; lesquels, répartis sur une superficie de 100 mètres quarrés, formeraient, *s'ils s'y déposaient en totalité*, une croûte d'environ $0^{mm},1$, soit $2^{mm},4$ dans les vingt-quatre heures.

Assurément tout le carbonate ne se déposera pas : une partie restera dissoute ; une autre sera entraînée par le courant sans adhérer à la paroi du condenseur. Et il serait difficile de préciser la troisième part, celle qui se concrétionnera sur la paroi.

Matière en suspension dans l'eau froide.

Mais il faut remarquer que, dans les mers fortement battues des vents, et peu profondes le long des côtes, aux embouchures des fleuves, l'eau tient en suspension des vases plus ou moins abondantes qui concourront à l'incrustation et compenseront dans une certaine mesure les deux parts de carbonate dont je parlais tout à l'heure comme ne contribuant pas à la formation de la croûte. En sorte qu'il ne paraîtra pas déraisonnable de penser que, dans certains parages, la croûte pourrait se développer à raison d'environ 2 millimètres par vingt-quatre heures.

Croûte interne.

Quant à la croûte intérieure, je manque tout à fait d'éléments pour supputer sa vitesse de développement ; on conçoit d'ailleurs que cette vitesse doit dépendre de circonstances variables, telles que graissage plus ou moins abondant du piston du cylindre et du tiroir, entraînements d'eau, plus ou moins abondants aussi, suivant la vitesse de vaporisation dans les générateurs, etc.

Mais, à ne considérer que les effets de la croûte extérieure, il semble qu'on peut se trouver à certains moments dans la nécessité de nettoyer toutes les 12 heures. Des nettoyages ainsi espacés, sans être impossibles, seront pratiquement fort gênants, d'autant plus qu'ils exigeront, comme je l'ai dit plus haut, un condenseur de rechange.

Nous verrons plus loin que, dans la solution que je propose, des nettoyages analogues seront nécessaires, mais dans des conditions beaucoup moins onéreuses à tous égards.

TROISIÈME PARTIE.

Après avoir établi la théorie de la condensation en général, en avoir déduit la supériorité du *condenseur par injection* sur le *condenseur à surface*, et accentué cette supériorité en exposant les améliorations dont le premier de ces appareils est susceptible, il me reste à prouver qu'il est applicable aux machines marines, comme à tout autre moteur à condensation, et à décrire le dispositif de cette application.

Où est réellement la difficulté.

1. L'obstacle à la condensation par injection dans les machines marines, lorsqu'elles marchent à pression élevée, ne tient point à la condensation même, mais bien à l'alimentation des générateurs. L'eau alimentaire se dépouillant de ses sels calcaires par le seul fait de l'élévation de température jusqu'à un certain degré, et sans qu'il soit besoin d'aucune concentration, elle les dépose dans la chaudière, partie à l'état de croûtes qui diminuent la transmission du calorique, partie sous forme de petits cristaux qui s'accumulent sur les surfaces de chauffe, ou se tiennent en suspension dans le liquide, le rendent comme *savonneux* et favorisent l'entraînement de l'eau par la vapeur. Quand la pression ne dépasse pas $1^{atm}.5$ à 2 atmosphères, ou que la température n'excède pas 121 degrés, point auquel l'eau de mer peut tenir en dissolution le double de la quantité de sulfate de chaux qu'elle contient à l'état naturel et avant concentration, on a la ressource des *évacuations méthodiques*, qui n'empêchent pas les dépôts, mais qui en atténuent l'effet. Mais cette ressource manque dès que la pression s'élève à $2^{atm}.40$, ou la température à 127 degrés, parce qu'alors l'eau commence à se dépouiller de son sulfate dès l'entrée dans le générateur.

But immédiat du condenseur à surface.

Il faut donc se servir pour l'alimentation d'une eau dépourvue de sels calcaires, ou plutôt n'en contenant que peu (on verra plus loin la portée de cette restriction) ; et c'est dans ce but qu'on avait imaginé le condenseur à surface, comme moyen bien simple de produire de l'eau distillée, qu'il était rationnel *à priori* de croire éminemment propre à l'alimentation. L'idée de cet expédient se présentait naturellement à l'esprit; aussi un grand nombre d'ingénieurs ont successivement essayé d'en tirer parti. On comprend d'après ce qui précède l'insuccès auquel ils ont dû aboutir, et qui devait être d'autant plus complet qu'ils n'avaient pas le moyen, comme aujourd'hui, de multiplier les faces refroidissantes.

Rôle du condenseur en général.

2. Or, si l'on réfléchit à la fonction du condenseur en général, on voit qu'elle comprend deux actes distincts, savoir : 1° transporter à l'eau froide le calorique de la vapeur, et, par là même, condenser celle-ci; 2° expulser du moteur ce calorique (sauf la portion qui y retourne avec l'eau alimentaire); et dans les deux genres de condenseur que j'ai examinés (condenseur à injection et condenseur à surface), ces deux actes sont simultanés et s'accomplissent dans le laps de temps compris entre deux coups de piston successifs. Mais, au point de vue de la marche de la machine, il n'y a que le premier qu'il soit essentiel d'accomplir dans ce laps de temps; l'autre pourrait être effectué subséquemment, à loisir, si l'on trouvait moyen de le faire sans troubler le fonctionnement du condenseur, comme, par exemple, si l'on pouvait l'exécuter au dehors de l'appareil même.

Condensation monhydrique.

C'est ce que permet de réaliser le principe de la condensation *monhydrique*. Il consiste *à injecter dans le condenseur de l'eau qui reste toujours la même, et qui n'incrustera point si on l'a préalablement dépouillée de ses sels calcaires, et à la refroidir (sans mélange avec l'eau refroidissante), chaque fois qu'elle a passé au condenseur, pour la rendre apte à condenser de nouveau.* On voit que, si la réfrigération est faite par une opération à part et au dehors du condenseur, on aura tout le bénéfice de l'injection, et l'eau alimentaire restera non incrustante.

Ce principe n'est pas nouveau et a déjà été appliqué, dans des machines à épuisement de mines où les eaux étaient acides et corrosives[1]. Moi-même j'en ai donné une application, dans mon mémoire « sur l'incrustation des chaudières », avec le dispositif d'un *réfrigérateur* pour opérer la réfrigération méthodique de l'eau d'injection. C'est ce dispositif que je propose d'employer comme appareil accessoire de la machine motrice munie de son condenseur à injection, et pour la description détaillée duquel je crois pouvoir renvoyer audit mémoire, publié dans les *Annales des Mines* (septembre et octobre 1854), me bornant à en transcrire ici la spécification sommaire :

[1] On opérait la réfrigération de l'eau condensante en la faisant circuler à ciel ouvert dans des rigoles d'un grand développement. Je ne sache pas qu'on ait jamais employé d'appareil réfrigérateur.

Réfrigérateur.

« Une pompe (ce sera la pompe à eau et à air ou toute autre) élèvera l'eau extraite du condenseur jusqu'à un réservoir placé à une hauteur de quelques mètres, et au-dessous duquel sera posé le *réfrigérateur*, composé de tubes en cuivre verticaux enveloppés dans une caisse cylindrique aussi en cuivre.

« L'eau chaude descend de ce réservoir dans les tubes, qui sont plongés dans l'eau froide sans cesse renouvelée par un courant dirigé de bas en haut, c'est-à-dire en sens inverse de l'eau qu'il s'agit de réfrigérer, et imprimé à l'aide soit d'une chute d'eau, soit de pompes, soit d'hélices, etc. »

Il est évident que l'appareil qui sert actuellement dans la pratique anglaise comme *condenseur à surface* pourra jouer le rôle de *réfrigérateur*, et il n'y aura, à cet effet, qu'à le placer de manière que les tubes soient verticaux au lieu d'être horizontaux ou légèrement inclinés.

Réfrigération méthodique.

La position verticale est essentielle ici, afin que la réfrigération s'effectue méthodiquement et avec le moins possible d'eau réfrigérante, les couches de l'eau chaude descendant naturellement au fur et à mesure qu'elle se refroidit, et venant ainsi en contact avec des couches d'eau de plus en plus froides.

Dispositif pour le nettoyage.

« ... Pour détruire l'encrassement (ou l'incrustation) de la surface intérieure, produit par la graisse, on introduit de temps en temps dans ces tubes une dissolution alcaline et bouillante qui dissoudra le corps gras.

« Le nettoyage de la surface extérieure des tubes est fait par un procédé analogue en introduisant dans la cavité où se meut l'eau réfrigérante une dissolution faible d'acide chlorhydrique qui dissoudra les carbonates.

« Par l'effet d'un système de robinets convenablement disposés, ces deux opérations sont effectuées promptement sans travail, et sans altérer en rien le régime de la machine... »

Quant aux détails de construction et notamment à l'emmanchement des tubes, leur diamètre, etc., on ne saurait mieux faire que de suivre les errements établis par la pratique anglaise pour les condenseurs à surface.

3. Quoique je ne voie aucun motif de doute sur le succès de la condensation monhydrique, je crois utile d'examiner ici quelques circonstances particulières de cette méthode.

Efficacité de réfrigération.

La quantité de chaleur à expulser de l'appareil, pour chaque coup de piston, est $q\,(650 - \theta)$. C'est la même qui, dans les condenseurs à surface dont font usage les Anglais, est emportée par l'eau froide qui circule à l'extérieur des tubes ; et ce sera aussi celle qu'il faudra enlever à l'eau condensante dans la réfrigération. Dans les condenseurs, la transmission du calorique se fait en vertu de la différence de température $a - b$; et a

est égal à $\frac{\Theta - \theta}{2}$, qui est plus grand que θ. Dans le réfrigérateur, elle aura lieu en vertu de la différence $\theta - b$. C'est un désavantage, quant à la vitesse du refroidissement; mais il sera largement compensé par l'absence d'air dans les tubes, par la marche méthodique de la réfrigération, par l'absence ou la diminution des croûtes, en raison des nettoyages fréquents et efficaces ci-dessus décrits. En sorte que la superficie de 1 mètre quarré par force de cheval, adoptée en Angleterre pour les condenseurs à surface, sera plus que suffisante pour le réfrigérateur. Mais en fût-il autrement, qu'il serait toujours facile d'augmenter cette surface, de manière à obtenir l'effet voulu, et cela, sans modifier en rien la marche du moteur, puisque celui-ci serait indépendant de la réfrigération.

Fuites des joints.

Les inconvénients signalés à cet égard dans les condenseurs à surface se retrouveront dans le réfrigérateur, mais à un degré insignifiant; parce que, d'une part, les tuyaux du réfrigérateur n'éprouveront que de faibles changements de température, et que, d'autre part, il n'y aura pas de différence entre les pressions intérieure et extérieure. D'ailleurs, l'introduction de gaz, qui est un accident grave pour le condenseur à surface, est sans importance quand il s'agit du réfrigérateur, dont l'action n'en est nullement affectée.

Les infiltrations d'eau de mer et de gaz sont de nul effet.

D'un autre côté, la présence d'une faible proportion d'eau de mer dans l'eau alimentaire des générateurs, loin d'être un mal, serait au contraire favorable : il en résulterait une légère incrustation qui protégerait les tôles contre l'oxydation et contre l'action des graisses, et cela, en augmentant la conductibilité du métal, si la croûte reste dans les limites déterminées au n° 7, II° partie.

Accumulation des graisses dans les chaudières. — Légère incrustation protectrice contre les corrosions.

En effet, en Angleterre, on a constaté, dans les chaudières des machines fonctionnant avec le condenseur à surface, une corrosion due à la graisse apportée dans les générateurs par l'eau alimentaire. Cette graisse, dont la proportion augmente avec la durée de marche de la machine, détermine dans les tôles des trous disséminés çà et là qui abrégent la durée des chaudières et exposent à des dangers de rupture. Les Anglais [1] remédient à l'inconvénient en introduisant dans l'eau alimentaire une très-faible proportion d'eau de mer, qui produit, comme je le disais ci-dessus, une légère incrustation protectrice du métal. A cette précaution, quelques personnes en ajoutent une autre, consistant à supprimer la lubrification du piston et du tiroir, pour que la vapeur ne trouve aucune graisse sur son passage. La suppression de tout graissage dans de tels organes serait sans

[1] On peut consulter à ce sujet le *Modern Marine engineering*, par M. Burgh, 1867.

doute un grand sacrifice. Il se peut qu'on doive le subir dans la condensation par surface. Il ne sera pas d'une absolue nécessité dans la condensation *monhydrique*; et c'est une considération de plus en faveur de ce dernier système.

Encombrement causé par le réfrigérateur.

On peut craindre, *à priori*, l'augmentation de poids et d'encombrement qui résultera de l'emploi du réfrigérateur. Mais, comme je l'ai dit plus haut, le réfrigérateur n'est autre chose que le condenseur à surface, simplement avec un changement de rôle; et les Anglais ont trouvé moyen d'installer, dans les navires de tous tonnages, des condenseurs à surface ayant plus de 1 mètre quarré de superficie par force de cheval. Leur expérience, qui date de plus de quatre ans déjà, doit nous rassurer sur ce sujet.

CONCLUSION.

Il y a un grand intérêt, ne fût-ce qu'au point de vue de l'utilisation de la force motrice, à employer la vapeur à pressions élevées dans les machines marines.

Deux moyens d'application se présentent : 1° le *condenseur à surface*, 2° le *condenseur à injection* employé d'après le principe de la condensation *monhydrique*.

Le *condenseur à injection* est, en principe, très-supérieur au *condenseur à surface*; cette supériorité est exprimée par le rapport des parties du travail résistant dues au *retard de la condensation* dans l'un et l'autre appareil :

$$\frac{T_{ci} - pSL}{T_{cs} - fSL} < \frac{\sigma^2}{\Sigma^2} \cdot \frac{R_s^2}{R_i^2}$$

qui est très-petit, R_s et σ étant toujours très-petits par rapport à R_i et Σ.

Par le système de l'injection on peut réduire le travail résistant de la contre-pression au $\frac{1}{4}$, au plus, de ce qu'il est dans le condenseur à injection actuel *supposé dans les meilleures conditions;* conditions qui, pour le condenseur à surface, constituent un état idéal qui ne sera jamais réalisé, à cause des frottements de la vapeur dans les tubes, de la présence de l'air dans ces mêmes tubes, et des incrustations qui s'y forment au dedans et au dehors.

Le condenseur à surface est, par suite, sujet à des perturbations qui peuvent diminuer considérablement et même annuler les avantages de la haute pression ;

Le condenseur à injection les réalisera pleinement et sûrement.

En conséquence, il y a lieu d'abandonner la condensation par surface et d'appliquer le condenseur à injection, d'après le principe de la condensation monhydrique.

APPENDICE

A l'occasion du *dispositif pour l'injection intermittente*, mon mémoire a été l'objet de critiques auxquelles on a donné une portée telle qu'il m'a paru utile de les réfuter ici.

On a dit entre autres choses :

« Ce dispositif est vicieux et ne produira point l'effet qu'on en attend, parce que la vapeur n'exerce pas de pression sur l'eau froide; parce que, d'ailleurs, la vapeur, en se condensant, occasionnerait des chocs; parce que l'eau s'échaufferait et entrerait chaude au condenseur.

« Dès lors, et l'injection sous pression et par intermittences n'étant point obtenue, la comparaison entre les deux systèmes de condensation n'a plus de base. »

Pour répondre à cette objection, je n'ai qu'à rappeler en peu de mots le but que je me suis proposé et les moyens par lesquels j'ai essayé de l'atteindre.

Ce but est l'application, aussi avantageuse que possible, de la vapeur à pressions élevées aux machines marines.

Pour en déterminer les conditions, j'ai comparé entre eux les deux systèmes de condensation usités, c'est-à-dire le *condenseur à injection ou à jet* et le *condenseur à surface*.

J'ai d'abord étudié le condenseur à injection et fait voir que, dans l'état actuel, il est susceptible d'améliorations d'une certaine importance. J'ai acquis ainsi deux termes de comparaison, savoir : le condenseur à injection *tel qu'il existe actuellement*, et le condenseur à injection *perfectionné*. J'ai d'ailleurs indiqué le moyen d'appliquer aux machines marines le condenseur à injection, dans l'un et l'autre de ces deux états, et ce moyen c'est la *condensation monhydrique*.

En prenant le premier terme de comparaison, *qui est indépendant du dispositif* dont il s'agit, j'ai constaté en faveur du condenseur à injection actuel les avantages résultant de ce qu'il n'est point, comme le condenseur à surface, sujet à incrustations et à d'autres effets qui retardent la condensation et absorbent ainsi, en pure perte, une partie notable de la force motrice.

En prenant le second terme de comparaison, j'ai accentué les avantages du condenseur à injection, en raison des perfectionnements que je lui fais subir, savoir : par l'augmentation de la capacité vide du condenseur ; par une plus longue durée du coup de piston ; par l'extension presque indéfinie de la surface du jet; enfin, par l'intermittence de ce jet.

Or, la dernière de ces particularités, l'intermittence du jet, est la seule qui dépende du dispositif dont il s'agit, — et elle est précisément celle qui ajoute le moins à l'intérêt de la comparaison.

Donc, de ce que ce dispositif serait vicieux ou irréalisable, on ne peut pas conclure que la comparaison, objet de mon mémoire, manque de base.

La comparaison tire principalement son importance des particularités autres que l'intermittence du jet.

Mais, d'ailleurs, plusieurs moyens s'offrent immédiatement à l'esprit pour réaliser cette injection sous pression et intermittente; on n'en pouvait douter pour peu qu'on y réfléchît; et c'est pourquoi je me suis borné, dans mon mémoire, à une spécification toute sommaire du dispositif; car il était inutile de préciser au sujet d'un appareil que l'on peut concevoir de plusieurs façons, quant aux détails, et même quant au principe. On peut employer, par exemple :

1° Une pompe foulante dont la course serait variée à volonté, au moyen d'un toc *à temps perdu;*

2° Un réservoir d'eau à niveau constant, placé à une certaine hauteur par rapport au condenseur (10 mètres de hauteur donneraient près de 2 atm. de pression, puisque la pression du condenseur est très-faible; 20 mètres donneraient 3 atm.); et l'intermittence du jet serait produite par l'ouverture intermittente d'une soupape manœuvrée automatiquement à l'aide de la tige du tiroir ou de toute autre pièce en mouvement. Quant aux variations de la quantité d'eau à introduire à chaque pulsation, elles seraient obtenues au moyen d'un robinet manœuvré à la main par le machiniste, à la manière du régulateur de vapeur ;

3° Un accumulateur de pression, commandé par la machine. Cet appareil conviendrait surtout à bord d'un navire, où il ne serait pas toujours facile d'établir un réservoir placé à un niveau élevé, etc.

Je pourrais borner là ma réfutation, mais j'ajouterai quelques mots pour prouver que les objections, d'où l'on tirait une conclusion dont je viens de démontrer l'inexactitude, ne sont pas fondées, même à l'égard du dispositif dont il s'agit, tel qu'il ressort de sa spécification sommaire.

Pourquoi la vapeur n'exercerait-elle point de pression sur l'eau froide? cette pression subsistera, et même sans diminution si, comme c'est ici le cas, la source de vapeur est suffisante. Une partie de cette vapeur serait détruite, sans doute, d'abord par le contact de l'eau jusqu'au moment où les couches supérieures de celle-ci seraient échauffées, et ensuite par la production de travail (travail de l'injection). La partie condensée serait insignifiante, parce que les couches d'eau chaude se tenant à la partie supérieure cesseraient bientôt de condenser ; et remarquons tout de suite, que, par cela même que les couches d'eau chaude se tiendraient au haut de la bâche, la chaleur ne se propagerait pas (vu l'inconductibilité de l'eau) aux couches inférieures, celles qui alimentent le condenseur. Quant à la condensation nécessaire pour produire le travail d'injection, je n'avais rien prévu de spécial pour l'obtenir, comptant sur le refroidissement spontané du tuyau adducteur, et sachant bien que, si ce refroidissement spontané devenait insuffisant, il serait facile d'y suppléer par un petit courant d'eau froide le long d'une partie de ce tuyau adducteur.

Je crois inutile d'insister davantage sur ce sujet.

E. COUSTÉ.

Mars 1869.

Paris. — Typ. Rouge frères, Dunon et Fresné, rue du Four-Saint-Germain, 43.

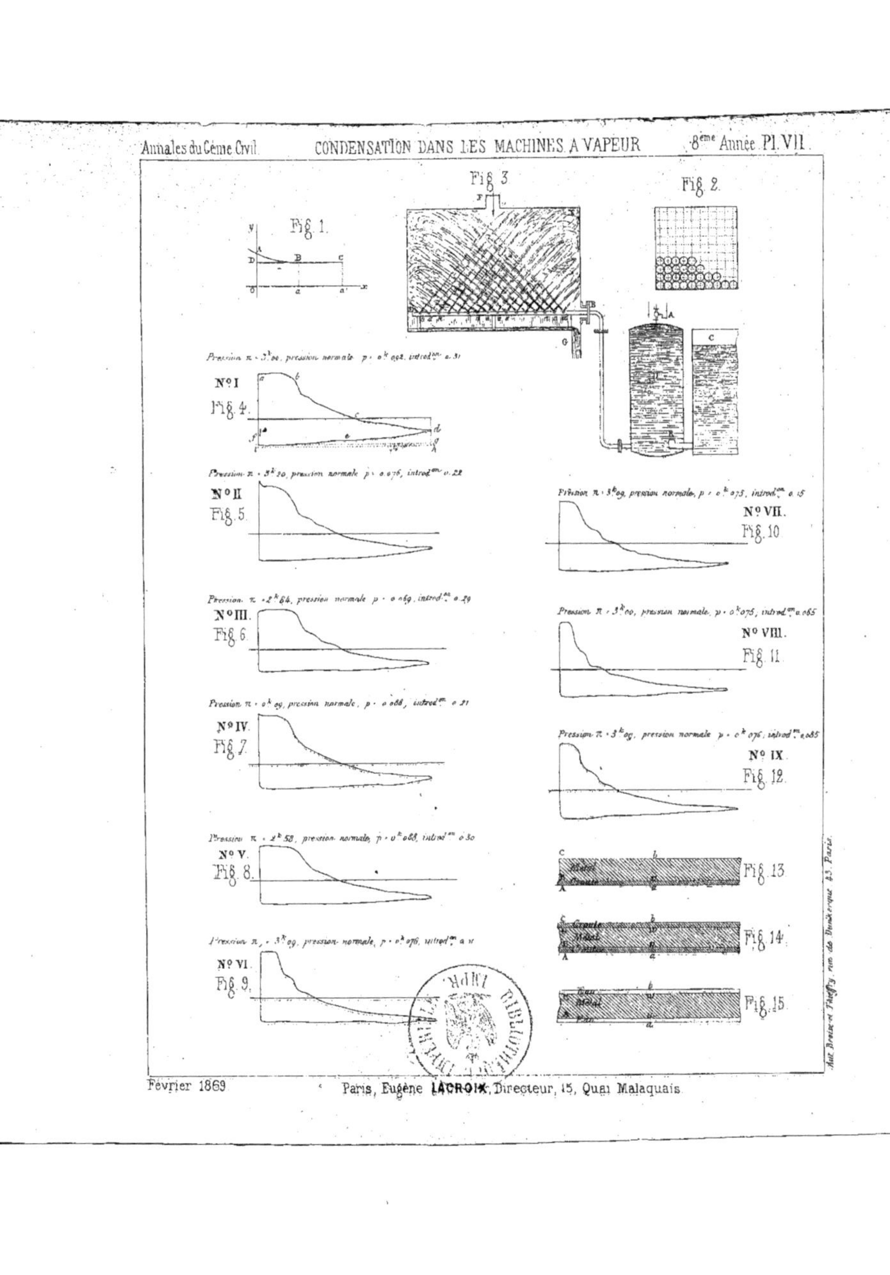
Fig. 1.
Fig. 2.
Fig. 3.
N° I
Fig. 4.
N° II
Fig. 5.
N° III.
Fig. 6.
N° IV.
Fig. 7.
N° V.
Fig. 8.
N° VI.
Fig. 9.
N° VII.
Fig. 10.
N° VIII.
Fig. 11.
N° IX.
Fig. 12.
Fig. 13.
Fig. 14.
Fig. 15.

www.ingramcontent.com/pod-product-compliance
Ingram Content Group UK Ltd.
Pitfield, Milton Keynes, MK11 3LW, UK
UKHW020433230726
13925UKWH00004B/1720

9 782013 615501